北京动物园
牡丹亭与牡丹文化

Beijing Dongwuyuan
Mudanting yu Mudan Wenhua

王树标 陈旸 李晓光 主编

中国农业出版社
北京

内容简介

　　牡丹文化起源，从《诗经》开始计算，距今已经有3 000多年历史了。牡丹文化是中华民族文化的一部分。本书以北京动物园牡丹亭牡丹为引，引经据典，从一个全新的角度阐述北京动物园这片土地悠久的历史沿革，牡丹亭和所种植牡丹品种鉴别，以及它们与运河文化、河洛文化之间的内在联系，从物质、经济、上层建筑三方面对牡丹文化进行介绍、总结和分析。本书内容涉及牡丹在民俗、医学、美学、宗教、艺术等多个领域的文化形态，内容丰富，知识性强，深入挖掘京杭运河历史文脉中牡丹的存在价值，是一本非常有趣的科普文化类书籍。

　　本书收录了民间口口相传的牡丹品种传说、牡丹与历史名人之间的趣闻、古代文人墨客留下有关牡丹的诗词，以期让不同年龄层次的读者进一步了解牡丹，了解北京动物园牡丹和公园的历史文化底蕴，更好地保护和传承公园文化。

编写人员

主　　　编　　王树标　陈　旸　李晓光

编　　　者　　王树标　陈　旸　李晓光　朱淑云　赵　靖
　　　　　　　　罗晨威　郭　磊　牟宁宁　张一鸣　卢雁平
　　　　　　　　刘　燕　吴　敬　国　健　康毅丹　牛　蕾
　　　　　　　　郭金辉　佟　頔　崔雅芳　苏　雪　李　斌
　　　　　　　　夏　炜

摄　　　影　　朱淑云　陈　旸　叶明霞　王泽重　牛　蕾
　　　　　　　　胡剑利　杨小燕

资 料 提 供　　朱淑云　杨小燕　杨海静

宋代女词人李清照的父亲李格非在《洛阳名园记》中说："且天下之治乱,候于洛阳之盛衰而知；洛阳之盛衰,候于园圃之废兴而得。"意思就是花事为世事兴衰的一面镜子。"国运昌时花运昌",从花的角度,可以解读一部中国历史、一部中国文化史。

　　雍容华贵的牡丹被誉为百花之王。1903年,清朝敕定牡丹为国花；1915年版《辞海》载："我国向以牡丹为国花。"周恩来总理在日理万机的情况下,曾于1959年、1961年、1973年三次陪同外宾访问洛阳,当他听说牡丹濒临绝境时,周总理很难过。他说："牡丹是我国的国花,它雍容华贵、富丽堂皇,是我们中华民族兴旺发达、美好幸福的象征,要赶快抢救。"时值全国人大二届二次会议在京召开,周恩来总理特意安排工作人员,要求在主席台前摆放几盆牡丹,受到与会人员瞩目。

　　牡丹发展在盛世,牡丹文化也是如此。牡丹以其王者气象成为盛世图景的绝佳点缀。我国特有的牡丹文化是社会发展到一定阶段精神文明和物质文明相结合的产物,是中华民族文化不可或缺的部分。

在"一带一路"沿线国家具有深厚历史基础和广泛影响力的河洛文化，是在与周边国家和地区数千年贸易和文化交流中形成的，其中牡丹文化是河洛文化的重要代表。而被列为世界最宏伟的四大古代工程之一的京杭大运河，也与牡丹文化有着不可分割的紧密联系。

　　据考证，北京动物园是中国对公众开放最早的动物园，是中国现代动物园、植物园、博物馆的发祥地，更是游客"重走"京杭大运河、感受大运河古老魅力的绝佳之地。牡丹作为清代国花，在此地的应用是很值得研究的一个重要环节。在这块土地上曾经发生了太多的故事。近年来，我们致力于挖掘北京动物园牡丹亭与牡丹历史文化，从浩如烟海的史料中整理，多角度反映这片土地的历史沿革和牡丹文化，以期使读者从侧面更多地了解北京动物园的发展历史、牡丹文化和运河文化。

编　者

2018年9月

前言

　　优秀的传统文化是一个国家和民族文化与精神的集中表达和延续，具有深远的意义。在历史长河中形成的诸如运河文化、牡丹文化、河洛文化……都是我们需要保护、传承、利用好的珍贵文化宝藏。

　　优秀传统文化的传承离不开文化自信，以及对文化价值的高度认同和践行。北京动物园这块土地先后是明代皇庄、王府别业、皇家行宫、农事试验场、现代动植物园，是博物馆的最早发祥地，融合东西方园林艺术，具有深厚悠久的历史文化底蕴。北京动物园始终把文化建园作为可持续发展的建园方略之一。随着时代更替，岁月沧桑，辉煌的历史很难留下一部完整无缺、细节详尽的实录，也不可能给我们留下一成不变的昔日场景。无数发生在这里的重要事件，我们只能从史籍方志的字里行间去寻找蛛丝马迹。这本书以点带面，从北京动物园牡丹亭的牡丹入手，致力于挖掘和真实地展示大运河文化、牡丹文化及北京动物园园林文化的内涵和相互关系，梳理多元文化形态及典型的历史文化符号，从而凸显北京运河历史文脉、牡丹的文化价值，以期让更多的人能够领略和理解北京动物园鲜明的文化个性和深厚历史文化底蕴，更好地保护和传承公园文化。

在本书的编写过程中，编者查阅了很多关于牡丹的论著，受益匪浅，在此表示谢意。另外，特别感谢北京动物园领导和各部门给予的支持、指导和建议，感谢朱淑云老师、杨小燕老师的悉心指点和赠予的宝贵资料，感谢审稿专家老师的帮助。

编者在编写过程中核实查证资料，虽付出了很大心血，但囿于学识，不足之处还请各位专家读者指正。

希望这本书能够为读者打开一个有益的"窗口"，使更多人加入到了解、保护、传承公园文化的行列当中来。这将是我们乐见的!

李晓光

目录

1

北京动物园历史沿革

北京动物园前身是农事试验场。1906年，在西直门外乐善园、继园和广善寺、惠安寺"两园、两寺"旧址上由商部奉旨筹建了清"农事试验场"。它是在清末西学热潮下孕育产生的皇权产物，是西方科学技术与中国传统农业结合的展示窗口，也是皇家园林与西洋建筑结合的典范之一。北京动物园内的牡丹亭是现存的中式古迹之一。这片土地的历史可以追溯分为以下几个主要时间阶段：明代皇庄时期、乐善园时期、农事试验场时期、民国时期和中华人民共和国成立后。

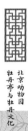

北京动物园
牡丹亭与牡丹文化

1.1 明代皇庄时期

牡丹亭位于乐善园故址内，地处高粱桥西二里多地的长河南岸。乐善园前身是明代的皇庄。有乾隆关于《乐善园》的诗为证："结构逾绿野，胜国为皇庄。"胜国，亡国也。灭人之国曰胜国，言为我所胜之国也。左氏曰：胜国者，绝其社稷，有其土地。相对于下一个朝代，则曰昭代，即本朝也。明朝是胜国，则清朝是昭代。这里则表明了此处在明代是皇庄。

1.2 乐善园时期

乐善园的历史,应分为两部分：一是作为康亲王别业之乐善园；一是作为清皇家行宫之乐善园。

清朝顺治年间被封为和硕康亲王的杰书是八大铁帽子王之首代善的孙儿。 因在平耿精忠之乱中建战功，康熙帝为褒奖其功而赐其在西郊高粱桥西修建别业，名乐善园，人称康亲王花园（今北京动物园内）。乐善园内牡丹亭原址正是其正殿（银安殿）所在位置。内廷写本记载，其正殿五间前后抱厦各三间随围廊，另有重檐或歇山顶建筑，以彰显主人身份的独特。据《大清会典·工部》记载，屋顶一般采用歇山顶，亲王的可用绿琉璃瓦，官员宅第厅堂均不得使用歇山式。王府产权属于皇帝，未经批准，不能擅自拆改，王爷们也无心自己掏钱去改造这些纯粹是摆排场的建筑。历史上，王府最多面阔七间，更多的是单层建筑、面阔五间的。如果说别业的产权仍属于皇帝，那么乐善园采用正殿面阔五间歇山或重檐顶即可以解释了。遗憾的是嘉庆年间国力渐衰。至1806年，乐善园内殿宇房间已经裁撤。原有风貌荡然无存。

乾隆十二年（1747年），康亲王巴尔图因乐善园地邻长河岸，为便于乾隆帝往来畅春园与太后问安行舟，便奏请将乐善园交内务府管理。乾隆允其所请。1747年，经修葺后充作皇帝水上御道泛舟时休憩和进膳的行宫，由内务府奉宸苑管辖。由此，乐善园变成皇帝的行宫。

乐善园最初的设计意图为一座水景园，乾隆在诗中称之为沼园、沼宫、沼墅、溪园等。从早期乐善园样式雷图纸上看，牡丹亭所处位置在当时乐善园偏西之处，四面环水。乾隆帝每次泛舟长河都是从北宫门码头登陆进园。在乾隆十七年到四十年（1752—1775年）期间，几乎是每年进园1次，他留下了写有乐善园的诗作54首。从诗 "沼园逢乐善，隔岁一探幽"中可以探知他曾多次来到乐善园游憩。《日下旧闻考》中记载乾隆二十年（1755年），园内景区可分为四路36个景点，皆有乾隆御书匾额。清代有"奉宸苑三十八处莲花池"之说。在行宫时期，乐善园内及西、东、南的莲花池是帝后、皇亲国戚及王公大臣们的赏荷之所。

1.3 农事试验场时期

1906年4月15日，由清政府商部奏请在京师兴建一个示范农场，进行农作物的试验及优良品种的推广。5月25日准奏筹建

农事试验场。在实际建设时，慈禧和光绪曾多次垂训部臣，要注意风景，故场内建筑多带园林形式，景致优美，可供游憩。1908年全部竣工，开放接待游人，北京动物园百年历史就此开端。牡丹亭建成于1908年，同期建成的还有豳风堂、依绿亭、畅观楼、鬯春堂、西山亭。

1.4 民国时期

清朝灭亡后，农试场的名字也多次更迭：

1914年，更名为农商部中央农事试验场。

1927年，交北平市政府管理，更名为（农矿部直辖）北平农事试验场。

1929年，改组为国立北平天然博物院。

1934年11月，又由北平市政府接管，更名为北平市农事试验场。

北平沦陷后，1938年1月，又改为北京特别市农事试验场；同年11月，被实业部收回，改名为实业部农事试验场。

1940年，实业部改为实业总署，试验场亦成实业总署农事试验场。

1941年1月，改组为实业总署园艺试验场。

1946年3月，改为北平市园艺试验场；同年11月，更名为北平市农林试验所。

1949年3月，更名为北平农实验场；

1.5 中华人民共和国成立后

1949年9月，更名为西郊公园管理处。

1950年6月，分出西郊实验农场。

1952年8月，西郊实验农场与西郊公园管理处重新合并。

1955年4月1日，西郊公园管理处与北京市园林局动物交换科合并组成北京动物园管理处，"北京动物园"名称沿用至今。

2

北京动物园牡丹亭

北京动物园
牡丹亭与牡丹文化

北京动物园牡丹亭

2.1 牡丹亭简介

　　北京动物园牡丹亭位于北京动物园的东北部,也称海棠式亭,是在清乐善园故址,原农事试验场东北宫门南侧建造而成,占地面积313米^2。有"中式花园的圆游廊"之称。始建于1908年初,位于豳风堂西侧,分为南北两个半圆廊,合成一个大圆廊。南廊中央有一个玻璃方亭,北廊中央也有一个玻璃厅,居中陈列小桌,可以喝茶、休息。《万生园百咏·海棠式亭》即描摹游客在牡丹亭品茗的乐趣:"亭圆式比海棠花,深下珠帘静品茶。隔着晶窗数游客,红男绿女灿云霞。"两个半圆廊的中间为花圃,中有各色牡丹。

　　清末牡丹作为当时京城主要花卉,号称"牡丹冠绝京华"。

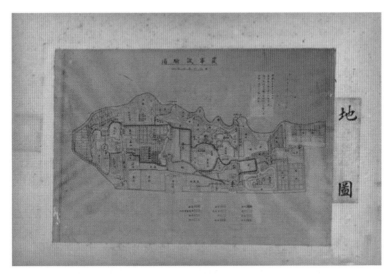

农事试验场地图

中式花园

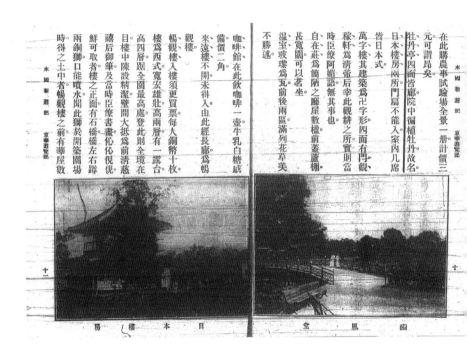

时人在圆游廊内空地上栽植了多种从"牡丹之乡"河南洛阳和山东菏泽引进而来的牡丹，由此成为农事试验场的牡丹专类园。1916年，莊俞等撰写由商务印书馆出版的《本国新游记：直隶省京华游览记·第一集》第十页，京华游览记（农事试验场）中首次提出牡丹亭的说法。《本国新游记》中关于牡丹亭的记载，"牡丹亭四面皆廊。院中遍植牡丹。故名。"

　　牡丹亭四面环水，岸边植有槐、柳、椿、榆、楸、牡丹等植物。种植楸树，因楸树花为紫色，寓意"紫气东来"；因树龄长，又有"千秋万代"之意。椿树在《庄子·逍遥游》中有云："上古有大椿者，以八千岁为秋"。因此椿树是长寿之兆，在风水上有护

豳风堂

依绿亭

宅和祈寿的功用。柳、柏则有驱邪的寓意。现存的乐善园和继园内廷画轴中，可以看出牡丹亭北侧、东南侧和西北侧豳风堂山坡均曾种植松树。北侧山体上还植有桧柏、小叶朴、泡桐、槐等植物，如今也已浓荫匝地。

牡丹亭北廊外为荷塘，再北面依山建有瀑布。豳风堂则位于牡丹亭东北侧，依原乐善园山石走向而建，面临荷花池。豳风堂为五大间嵌有冰梅玻璃窗的房屋。堂额书"豳风堂"。"豳风"，取意于《诗经·豳风·七月》："称彼兕觥，万寿无疆！"颂圣之意甚明。联书：云峦四起迎宸幄，水村千重绕御筵。堂外有宽大游廊，院外沿荷花池旁设有茶座，可瀹茗观荷。院内是男座。茶资每人铜子六枚，每桌铜子四十枚，可坐八人。慈禧至豳风堂小憩，见有商肆陈列，亲问物价，肆商跪陈数目。

豳风堂现种植有榆树、桧柏、西府海棠、凌霄、早园竹，其东侧还有白皮松、油松、龙爪槐、杨等植物。经查阅资料，豳风堂周边还曾种植有文冠果、牡丹、桂花、油松等，如今已了无踪迹。

北京动物园
牡丹亭与牡丹文化
Beijing Dongwuyuan
Mudanting yu Mudan Wenhua

《闲话西郊》中记述："豳风堂建筑宏敞，藻绘鲜华。东偏有假山，累石而成山洞；西为纡曲之长廊，俯瞰荷塘。堂前有文冠树数株，为本场珍奇之品。左前有磊桥，累积青石，错综成为桥础，上架天然形成青石板，不加斧凿，于自然之中，尤其巧思。堂西有牡丹多种，有亭名牡丹亭，与曲廊相通。其后面土山上，林木茂密，风景幽雅。再北园后垣，昔辟有水门，游艇可由长河驶入园，今则门虽设而常关矣。"堂四周环以假山，不建粉墙，以峰石为垣，常前植桂花数本，每至花期，香气苾弗，日留枢户间不散。堂后植松，四面石壁，秀润奇峭。

依绿亭也称为依绿馆，二层海棠式亭，位于豳风堂东南侧。2006年整体挪移至豳风堂南侧。依绿亭旁绿地内曾经是石榴园，取其多子多福的祥兆。

牡丹亭四面环水，东临豳风堂，南与荟芳轩隔水相望。绿色的廊柱、廊椅，红色的连檐，灰色的廊顶浑然一体。每年4月中下旬与盛开廊内的牡丹相映成趣。静坐于牡丹亭中，可聆听西侧鸣禽室中百鸟歌喉，远眺水禽湖上碧波荡漾，春季嫩柳摇曳，牡丹怒放；夏季碧树遮阴，粉荷幽香；秋季百色霜叶，五彩纷呈；冬季银装素裹，百年松柏亭亭玉立，确是游人观光的好去处。

2.2 牡丹亭历史

慈禧"垂帘听政"时，认为牡丹雍容华贵，象征大清盛世，将牡丹钦定为"国花"。北京动物园是清末和民国时期京城除颐和园外观赏牡丹的另一重要场所。

1908年，慈禧太后和光绪帝在京城度过浴佛节后，曾于农历4月23日巡幸京师农事试验场，参观万牲园中的珍禽猛兽，观赏牡丹。俗语说："谷雨看牡丹，立夏观芍药。"农事试验场牡丹亭种植牡丹，荟芳轩种植芍药。这段时间刚好是慈禧太后赏花的最佳时期。此次同行的还有裕德龄、李莲英。两宫来此前，万牲园接到通知，停止对外售票，禁止游人入园，待慈禧太后、光绪帝离园后再继续开放。慈禧太后和光绪帝兴致勃勃地参观了京师农事试验场各处，御笔题名了"自在庄""豳风堂"等处景观，在畅观楼用膳，留下书画多幅。清代词人吴士鉴在《清宫词·三贝子园》中记其事："豳风堂处驻虹斿，自在庄前辟绿畴。亲御麟毫题赐额，至尊侍坐畅观楼。"《帝京百咏》诗曰："洛阳花开长河畔，慈宁驾临牡丹场。国色天香尽繁盛，群芳之中富贵祥。"诗中"洛阳花"系牡丹的别称，农事试验场位于长河南岸，而"慈宁"指的是紫禁城里的慈宁宫，是太后的寝宫，故以"慈宁"代指慈禧。慈禧观赏牡丹时，"众人均避之，满园皆寂静，唯宫女伴之，兴于花丛中"。

2.3 牡丹亭周边赏牡丹

清代，高粱桥附近精蓝棋置，丹楼珠塔，窈窕绿树中。诸如极乐寺、五圣庵、慈献寺、寿安寺、佑圣观……每年四月八日于高粱桥寺庙举行浴佛会。斯日，"幡幢铙吹，蔽空震野，百戏毕集。四方来观，肩摩毂击，浃旬乃已，盖若狂云"。于此可知，京师民众乞灵之余，借庙会成游乐之实。除清末年在农事试验场牡丹亭赏牡丹外，其周边亦有不少赏花的绝佳去处。

2.3.1 极乐寺赏牡丹

极乐寺曾是西直门外的一座著名寺院，始建于元代至元年间，明代成化年间重建。寺位于海淀区东升乡五塔寺东约500米处，临高梁河,距桥三里，为极乐寺址，现位于北京动物园宿舍区北侧紫御府小区内。寺，天启初年犹未毁也，门外古柳，殿前古松，寺左国花堂牡丹。西山入座，涧水入厨。神庙四十年间，士大夫多暇，数游寺，轮蹄无虚日，堂轩无虚处。袁中、黄思立云：小似钱塘西湖然。《春明梦余录》云：寺成化中建，中有牡丹园，春日游屐恒满。园有高楼，万历壬辰进士旷鸣銮欲登之，寺僧辞以久扃不便开，旷不听，甫登楼火发，旷楼俱烬。明代著作《燕都游览志》云：极乐寺临水有垂杨蚵娜甚，殿前四松遮阴，不见一人，寺左国花堂花已雕残。有诗云：

> 松阴浓密柳阴长，邀勒游人绁马忙。
> 料得牡丹随火烬，榜题犹认国花堂。

清代，极乐寺得以恢复重建。

据传康熙皇帝曾三次到此观赏牡丹，并令宫廷画师作《富贵花图》，"富贵花"即牡丹别称。清代《天咫偶闻》记载："极乐寺明代牡丹最盛，寺东有国花堂，成邸所书。"成邸即爱新觉罗·永瑆，为乾隆第十一子，曾被封为成亲王。他颇爱牡丹，久闻极乐寺牡丹盛极一时，特到此观赏。当他刚步入山门，阵阵花香便扑面而来，甚是高兴，于是乘兴题写了"国花堂"三个大字，由此该寺也有了"国花寺"的雅称。

每至五月，极乐寺牡丹盛开之时，京城的文人雅士、达官贵人多到此赏花，甚至连通州、良乡、昌平的人们也慕名至此。《帝京景物略》中关于极乐寺有诗记载："《蕲水官抚辰极乐寺》古泉无宿水，古柳无强枝。游望渺攸属，金碧生其姿。门柳不更围，径泉不更池。色然堂国花，曰僧律所持。游人有时去，鱼鸟闲知之。"到了清末，极乐寺已荒芜，国花堂之牡丹也已渐尽，而今已遗迹全无。

2.3.2 白石庄观牡丹

白石庄位置大约在白石桥北中关村南大街一带，包括今国家图书馆靠东一部分。史载白石庄又称万驸马庄，明穆宗瑞安公主驸马。《燕都游览志》载其庄园："在白石桥稍北，台榭数重，古木多合抱，竹色葱蒨，盛夏不知有暑。附郭园亭当为第一。"

《帝京景物略》所载白石桥北，万驸马庄焉，曰白石庄。庄所取韵皆柳，柳色时变，闲者惊之。声亦时变也，静者省之。春，黄浅而芽，绿浅而眉，深而眼。春老，絮而白。夏，丝迢迢以风，阴隆隆以日。秋，叶黄而落，而坠条当当，而霜柯鸣于树。柳溪之中，门临轩对，一松虬，一亭小，立柳中。亭后，台三累，竹一湾，曰爽阁，柳环之。台后，池而荷，桥荷之上，亭桥之西，柳又环之。一往竹篱内，堂三楹。松亦虬。海棠花时，朱丝亦竟丈，老槐虽孤，其齿尊，其势出林表。后堂北老松五，其与槐引年。松后一往为土山，步芍药牡丹圃良久，南登郁冈亭，俯翳月池，又柳也。

白石庄以柳闻名，秋色甚美，牡丹为最，文人多题咏。有诗文作为佐证：

《凉州吴惟英白石庄看牡丹》尊酒邀清赏，名园迥不群。雨枝苔上绿，风朵锦回文。入幕香初骇，移灯影乍纷。留春坚客住，丝

竹说殷勤。

《山阴张学曾白石园看牡丹》为爱药栏胜，旬中一再来。分香妆阁照，择圃几瓶栽。朵朵初方蕊，垂垂今正开。怜春如此候，辗转不能回。

2.3.3 惠安伯园

明代，北京西城外有一个以牡丹闻名的私家园林——惠安伯园。《帝京景物略》载："都城牡丹时，无不往观惠安伯园者。园在嘉兴观西二里，其堂室一大宅，其后牡丹，数百亩一圃也。"明·袁洪道《张园看牡丹记》曰："四月初四日，李长卿邀余及顾升伯等出平则门看牡丹。主人为惠安伯张公元善，皓发赪颜，伺客甚谨。时牡丹繁盛，约开五千余平头紫大如盘者甚多，西瓜瓤、舞青猊之类遍畦有之。一种为芙蓉三变，尤佳。晓起白如珂雪，已后作嫩黄色，午间红晕一点，如腮霞花之极妖异者。主人自言经营四十余年，精神筋力半疲于此花。每见市间花实即采而归种之。二年，芽始茁，五年始花。久则变而为异种。有单瓣而楼子者，有始常而终冶丽者。已老不复花则芟其枝。时残红在海棠犹三千余本。中设绯幕丝肉递作。自篱落以至门屏，无非牡丹。可谓极花之观……"

2.3.4 李园

李园，也称清华园（非今之清华园），即清代的畅春园前身。园主是万历皇帝母亲慈圣太后的父亲武清侯李伟。《帝京景物略》记载："海淀南五里，武清侯李皇亲园，方十里……一望牡丹。"吴邦庆《泽农吟稿》载：武清侯"引西山之水，蓄十里之泽，曰海淀，水居其中……堤傍俱植花果、牡丹以千计，芍药以万计，家国第一名园也"。此外，京城的寺院中也多植牡丹。明代李言恭在《卧佛寺牡丹》中曾赞叹：香山卧佛寺牡丹"只疑天女散，绝胜洛阳栽。"明代蒋一葵的《长安客话》也称："卧佛多牡丹，盖中官（太监）所植，取以上贡者。"据传，牡丹为"国花"之称始于明，明代诗人袁中道诗云："国花长作圃疏看"，由此可见明代牡丹种植之多。

2.3.5 崇效寺

老北京人中流行过一句俗语："法源寺丁香、崇效寺牡丹"。崇效寺位于西城区，始建于唐贞观十九年（645年）。明清时寺中牡丹艳冠京华，是老北京人观赏牡丹的绝佳去处。1935年北宁铁路局还曾特开观花专车，接运京外客人至崇效寺观赏牡丹。清代初期崇效寺以枣花出名，后以丁香花著称，再后从曹州移来牡丹花。牡丹品种很多，除"姚黄""魏紫"，还有黑牡丹和绿牡丹。据传，清末民初全国的黑牡丹只剩下了两株，一株在杭州法相寺，一株在崇效寺。每到牡丹盛开季节，牡丹园里人头攒动，人们以一睹黑、绿牡丹为快。不少达官显贵、文人雅士也慕名至此，王士祯、林则徐、康有为、梁启超等均曾到此领略牡丹之美，并吟诗作赋。据传，慈禧太后曾令人到该寺采撷含苞待放的牡丹，浸放于花瓶中，待盛开之时，以为临摹，并创作出《七色牡丹》《富贵图》等画作。20世纪40年代末，该寺改为他用，寺中牡丹大多被移植到中山公园，由此崇效寺牡丹便成记忆。

3

牡丹亭牡丹

北京动物园
牡丹亭与牡丹文化

3.1 牡丹亭现有珍贵牡丹

牡丹亭景区占地约1 500米^2，主要为中原牡丹和江南牡丹两大品种群，其中近百年的植株约7株，主要为凤丹白、乌龙卧墨池、青龙镇宝、乌龙捧盛传统品种，殊为珍贵。目前百年牡丹在中国数量已不多见，总数不到200株。其中，甘肃境内有百年紫斑牡丹品种中约150株，中原地区牡丹品种中10余株，极为珍贵。

3.2 牡丹亭牡丹品种介绍

北京动物园牡丹亭现定植牡丹431株，汇集了国内外的牡丹品种，包含10个色系54个品种。每到4月中下旬，牡丹亭洛阳红、飞燕红装、二乔、豆绿、盛丹炉、青龙卧墨池、赵粉、似荷莲、朱砂垒、凤丹系列、赤鳞霞冠、霓虹焕彩等多种花型的中原牡丹和江南牡丹传统名品，雍容华贵，尽显芬芳；日本品种太阳；美国海黄等海外奇葩争奇斗艳，各展英姿，引来各方游客驻足，成为京城赏牡丹又一胜地。

牡丹在植物分类学上，隶属芍药科芍药属牡丹组。牡丹组又分为革质花盘亚组和肉质花盘亚组。革职花盘亚组分为1个栽培种、5个野生种。革质花盘亚组原始种包含国内中原品种群、西北品种群、西南品种群、江南品种群以及其他品种群，形成了中国栽培牡丹的品种分类。野生种则主要分布于黄土高原林区及秦巴山地。肉质花盘亚组分4个种，主要分布于云南、贵州、四川西南、西藏东南。

目前，国内外得到确认的牡丹品种群有8个。国内包括中原品种群、西北品种群、西南品种群、江南品种群及其他品种群。中国栽培牡丹在唐代逐渐传入日本，又在1787年传入英国，形成了日本品种群、欧洲品种群。19世纪末，经过杂交育种形成了法国品种群、美国品种群。

牡丹花色形成了红、黄、白、粉、紫、紫红、黑、蓝、绿及复色十大色系。

花型上可以分为单瓣类（单瓣型、金蕊型）、台阁类。台阁类又分为千层台阁类（荷花型、菊花型、蔷薇型）、楼子台阁类（托桂型、皇冠型、绣球型）。

现牡丹亭经鉴别种植有中原牡丹、江南牡丹、日本牡丹和美国牡丹的部分品种。

3.2.1 中原牡丹

3.2.1.1 粉色系（5种24株）

（1）盛丹炉（Shengdanlu）

花粉红色，楼子台阁型。花侧开。雄蕊完全瓣化，雌蕊瓣化为绿色彩瓣；植株高大开张。大型长叶，缺刻少，端渐尖，叶面粗糙，深绿色。生长势强，成花率低。传统品种。

（2）桃红飞翠（Taohong Feicui）

花深粉红色，千层台阁型。花朵侧开。株型高。枝粗壮。大型长叶，质稍厚，总叶柄粗硬，斜伸；小叶长卵形，缺刻少，端渐尖，边缘稍上卷，有紫色晕，叶面黄绿色。生长势强，成

北京动物园
牡丹亭与牡丹文化
Beijing Dongwuyuan
Mudanting yu Mudan Wenhua

盛丹炉

桃红飞翠

赵粉

花率较高，萌蘖枝多。中花品种。

（3）赵粉（Zhaofen）

花粉色，皇冠型，有时呈托桂型或荷花型，或同时出现三种花型。花外瓣2～3轮，基部具粉红色晕；内瓣细，层叠高起。植株下部的花多呈荷花型。植株开张，枝叶稀疏。小叶狭长而上卷，呈长卵圆形。生长势较强，栽培容易，成花率高，极易开花。耐早春寒，花朵耐晒。花期中。传统名贵品种。

（4）银红巧对（Yinghong Qiaodui）

花粉红色，菊花型。花瓣质硬，基部具紫红色晕；雄蕊稍瓣化，雌蕊变小，房衣粉红色。植株半开张。小型长叶，质

肉芙蓉

银红巧对

硬，稀疏；小叶长卵形，端渐尖，黄绿色。生长势强，成花率高，萌蘖枝较多，适应性强。单花期长，耐日晒。花期中。常见催花品种。

（5）肉芙蓉（Rou Furong）

花粉红色，菊花型。花瓣质薄软，基部具紫色晕；植株半开张。中型长叶，叶背多绒毛。生长势强，成花率高，萌蘖枝多。花期中。抗逆性强，耐早春寒，花耐日晒，常用催花品种，亦适合盆栽。

白雪塔   景玉

3.2.1.2 白色系（8种24株）

（1）白雪塔（Bai Xueta）

别名"雪塔"。花初开粉白色，盛开白色，皇冠型，有时呈荷花型或托桂型。花外瓣2轮形大，较平展，基部具粉红色晕；内瓣排列紧密匀称；株中高，半开张。大型长叶，质厚，较密，缺刻少。其生长势、分枝力强，抗病性强，成花率高，耐早春寒。花期中。

（2）景玉（Jingyü）

原名"赛雪塔"。花初开粉白色，盛开白色，皇冠型。花外瓣3轮形大，较圆整，花朵直上。植株高大直立。中型长叶。抗逆性、分枝力强，成花率高，花型丰满，萌蘗枝少。花期早。

香玉 三变赛玉

（3）香玉（Xiangyü）

花初开粉白色，盛开白色，皇冠型或托桂型。花外瓣2轮，形大质薄，平展，基部具紫色晕，内瓣匀称紧密，端多浅齿裂；房衣紫色。植株高大直立。大型圆叶，质软，叶尖下垂，叶背有绒毛；小叶椭圆形，缺刻少，端短尖，叶面深绿色稍有紫晕。生长势中，分枝力弱，萌蘖枝少。该品种成花率极高。花期中。

（4）三变赛玉（Sanbian Saiyü）

花含苞待放时浅绿色，初开粉白色，盛开白色；托桂型，花型不规则。花期早，单花期短，成花率高。花外瓣大、质软，多齿裂，基部具紫红色斑；内瓣窄细曲皱，稀疏，常残留花药；雌蕊退化或瓣化为绿瓣。植株直立。中型长叶，质软，稀疏；小叶长卵形，缺刻少，端锐尖，下垂，叶背脉上有稀疏绒毛。生长势中，分枝少，抗病性强，耐早春寒。

彩斑白　　雪莲

（5）彩斑白（Caiban Bai）

花色洁白，单瓣型。丰花，花期中。花朵较大，外瓣约4轮，瓣基部具大紫红斑近菱形，周辐射状紫纹。心皮稍多，形大，柱头紫红色，房（全包）及花丝均墨紫色。大型长叶，小叶9，全缘长尖，背脉有毛，柄凹黄褐色。其生长势强。

（6）雪莲（Xuelian）

花白色，荷花形。成花率高，花期中。花瓣3～4轮，宽大平展，花心白色。植株高大半开张，中型长叶，叶脉明显。分枝力强，萌蘖枝多。

昆山夜光　　　　　　　　　　　白玉兰

（7）昆山夜光（Kunshan Yeguang）

别名"夜光白"。花白色有光泽，皇冠型。成花率低，有大小年现象。花期晚。花外瓣3～4轮，质硬平展，基部稍有淡紫色晕；内瓣大而波曲；雄蕊完全瓣化成绿色彩瓣。植株高大半开张。中型圆叶，小叶卵形，缺刻少，端突尖，昆山夜光边缘上卷，叶背密生绒毛。生长势、分枝力强，萌蘖枝少。传统品种。

（8）白玉兰（Bai Yülan）

花白色，单瓣型。成花率高，花期早。花瓣2轮，宽大圆整，基部浅粉色；房衣、花丝紫红色。植株直立。中型圆叶，稠密，叶背叶脉基部有绒毛。生长势强，萌蘖枝多。

金桂飘香　　　　　　　　豆绿

3.2.1.3 黄色系（1种10株）

金桂飘香（Jingui Piaoxiang）花期中，成花率中。花淡黄色，皇冠型。外瓣2～3轮，雄蕊多瓣化为窄长花瓣，常有花药残留于瓣端，瓣基部带有紫蓝线，雌蕊瓣化或退化。植株高大直立。小型圆叶，质硬。生长势强。

3.2.1.4 绿色系（1种1株）

豆绿（Doulü），花初开绿色，盛开青粉色，皇冠型或绣球型。顶端常开裂。成花率高，花期晚。传统名贵品种。花朵侧开或下垂。外瓣2～3轮，质厚而硬，基部具黑紫斑，内瓣密集皱褶；雌蕊瓣化或退化。植株较矮，枝较细。鳞芽形似鹰嘴。中型长叶，叶背密生绒毛。生长势中，分枝力强。

3.2.1.5 蓝色系（3种6株）

（1）蓝芙蓉（Lan Furong）

花粉色微带蓝色，千层台阁型。成花率高，花期中偏晚。

蓝芙蓉

垂头蓝

蓝宝石

下方花花瓣多轮，较大，基部具紫色晕；雄蕊有瓣化，雌蕊退化变小；上方花花瓣少，窄长曲皱，雌雄蕊皆退化变小。植株高大，半开张。中型长叶，肥厚。枝条粗壮。生长势强，萌蘖枝多。

（2）垂头蓝（Chuitou Lan）

花蓝紫色，皇冠型。花期晚。花下垂。外瓣2轮，宽大圆整，质硬，内瓣卷曲，端部色稍浅。雄蕊完全瓣化，雌蕊退化。植株中高，半开展。中型长叶，较密，叶面青绿。

（3）蓝宝石（Lan Baoshi）

花粉色，微带蓝色，菊花型，偶有千层台阁型。花期中。花瓣5～7轮，质硬，外2轮平展，基部具墨紫色斑；内瓣稍有褶

珊瑚台 　　　　　　　　　　十八号

皱；雌蕊瓣化成绿色彩瓣。植株直立，中型长叶，叶缘上卷。生长势、分枝力强。

3.2.1.6 红色系（12种51株）

（1）珊瑚台（Shanhu Tai）

原名"珊瑚面"。花银红色，皇冠型。成花率高，花期中。花外瓣2轮，形大平展，基部具紫色斑，内瓣紧密褶皱，雌蕊退化或瓣化。植株矮半开张。 小型长叶，小叶长卵形，质硬，缺刻浅，端锐尖。生长势、分枝力强，萌蘖枝多。该品种抗病性强，耐早春寒，耐日晒，适合盆栽。

（2）十八号（Shibahao）

别名"瑞红"。花深桃红色，盛开微显紫色。成花率高，花期中。传统品种。千层台阁型，有时呈菊花型。下方花外大瓣4～5轮，瓣基部具紫斑，内花瓣碎小且密；上方花花瓣增大竖起，雄蕊多正常，花丝紫红色，正常或瓣化，花心紫红色。

卷叶红   朱砂垒

植株高大直立，生长势强。中型圆叶，小叶短肥，阔卵圆形，淡绿色具光泽，叶背有柔毛，常交叉重叠。

（3）卷叶红（Juanye Hong）

花红色，楼子台阁型。成花率中，花期中。下方花花瓣较圆整，基部具深红色晕；上方花花瓣大而皱褶，雌蕊瓣化成绿色彩瓣，雄蕊部分瓣化。植株半开张。中型长叶，叶缘有红晕并向上翻卷；小叶质地厚，突尖，叶背有绒毛。生长势强，萌蘖枝多。

（4）朱砂垒（Zhushalei）

花浅红色，荷花型，有时呈托桂型。成花率高，花期中，花朵耐晒。常用于盆栽、催花。传统品种。花瓣3～4轮，宽大圆整，基部具紫色晕；雄蕊偶有瓣化。植株偏矮，半开张。中型圆叶，叶背密生绒毛，生长势、分枝力强，萌蘖枝多。抗病性强，耐早春寒。

似荷莲

霓虹焕彩

（5）似荷莲（Si Helian）

花粉紫红色，荷花型。传统品种。花瓣3～6轮，基部具紫斑，花瓣大且瓣端纵向起皱，初放时尤为明显，心皮淡绿色略有白色绒毛，花心紫红色，植株直立，枝叶繁密。中形长叶，顶小叶分裂不明显，呈卵圆形，质地薄。生长势、分枝力强，似荷莲抗寒、耐湿力强。

（6）霓虹焕彩（Nihong Huancai）

花洋红色，台阁型。成花率高。花期中。花蕾常开裂。下方花花瓣多轮，排列整齐，基部具墨紫色斑，雄蕊多瓣化，雌蕊瓣化为绿色彩瓣。上方花花瓣较大，褶皱，雌雄蕊皆退化变小。植株半开张。中型圆叶，小叶卵圆形，叶背有毛，叶缘稍上卷；生长势、分枝力强。

胡红

(7) 胡红 (Huhong)

花深桃红色,将谢时银红色,皇冠型。成花率高,花朵耐晒。花期中偏晚。传统品种,常用催花。外瓣2轮,形大,较平展,端部具齿裂;内瓣细碎耸立,雌蕊瓣化为绿色彩瓣。植株半开张。大型圆叶质厚,小叶肥大,呈阔卵圆形,边缘缺刻少。生长势及分枝力强,萌蘖枝多。耐早春寒,抗病性强,绿叶期长。

飞燕红装

璎珞宝珠

（8）飞燕红装（Feiyan Hongzhuang）

花银红色，端部粉色，千层台阁型或蔷薇型。成花率高，早春气温不稳定使成花率下降，花期中偏晚。下方花花瓣多轮，较软，瓣基部具墨紫色斑，雌蕊瓣化成绿色彩瓣；上方花花瓣略大，雌雄蕊退化变小。植株高大开张。小型长叶，稀疏，小叶椭圆形，缺刻深，叶背有绒毛。生长势强，萌蘖枝多。

（9）璎珞宝珠（Yingluo Baozhu）

花桃红色，楼子台阁型。开花期长，成花率低，花不落

瓣。可催花，花期晚。传统品种。下方花外瓣2～3轮，质硬，基部具红色晕，内瓣折叠紧密，端多齿裂；上方花花瓣稍大，量少而直立，参差不齐，雌蕊瓣化成彩瓣。植株半开张。小型长叶，叶背有少量绒毛。生长势强，分枝力强，萌蘖枝多。

（10）富贵满堂（Fugui Mantang）

花红色，千层台阁型或蔷薇型。成花率高，花期早，适宜催花。花瓣多轮，排列整齐，端部有浅齿裂，基部有紫斑。花丝紫红色，房衣半包，紫色，柱头红色。植株半开张。中型长叶；小叶长卵形，顶小叶长，全裂，缺刻少，端渐尖。生长势强。

（11）鲁荷红（Luhe Hong）

千层台阁型牡丹。花红色；成花率高，中花品种。下方花花瓣7～8轮，较大，基部具紫红色晕；上方花花瓣多轮，较大而皱褶，雄蕊少，雌蕊退化变小。花朵直上。株型中高，半开展。鳞芽大，狭尖形。中型长叶，质厚，稠密；小叶长椭圆形，缺刻多，端锐尖，叶面绿色。生长势强，适应性强，落叶晚，萌蘖枝少。

（12）红宝石（Hong Baoshi）

花深洋红色，有宝润光泽，菊花型或蔷薇型。不耐晒，易催花。花期中。花瓣多轮，质地细腻，基部具紫红色晕。雄蕊部分瓣化，雌蕊变小。植株中高，直立，枝粗壮。中型长叶，稠密，小叶卵形，缺刻多，端渐尖或突尖。

富贵满堂

鲁荷红　　　　　　　　　　　　红宝石

洛阳红　　　　　　　　　　　　　　乌龙捧盛

3.2.1.7 紫红色系（10种）

（1）洛阳红（Luoyang Hong）

花紫红色，蔷薇型，有时呈蔷薇台阁（亚）型。成花率高，花朵耐晒，花期中，是洛阳栽植最为广泛的传统品种，也是主要的催花品种。花瓣多轮，质硬，基部具墨紫色斑；植株高大直立。中型长叶，叶背有绒毛。生长势、分枝力强，萌蘖枝多。

（2）乌龙捧盛（Wulong Pengsheng）

花紫红色，蔷薇型或千层台阁型。成花率高，花期中。传统催花品种。外瓣平直舒展，内瓣卷曲；雄蕊较少，花丝紫红色；雌蕊微显，心皮瓣化成绿色彩瓣。花朵易受春寒影响而出现畸形。植株高大，半开张。中型长叶，叶背有毛；小叶质地较厚，深裂，端突尖。生长势强。

状元红   锦袍红

（3）状元红（Zhuangyuan Hong）

花紫红色，皇冠型。成花率较低，易缩蕾，花期中，传统品种。外瓣质硬，基部具紫红色晕；内瓣稀疏褶叠，端残留花药，瓣间杂少量雄蕊；雌蕊退化变小或稍瓣化。植株半开张。大型长叶。生长势强，分枝力中，萌蘖枝多。

（4）锦袍红（Jinpao Hong）

花红色，蔷薇型。花瓣10轮或更多，向内渐小，内瓣皱折状。雄蕊极多，花丝、房衣淡紫红色。柱头红色，植株中高，稍开张。新枝粗，黄绿色略带棕色晕，叶脉深。柄凹棕褐色，上部紫红色。生长势强，萌蘖枝多。

彤云 红霞争辉

(5) 彤云 (Tongyun)

花紫红色，蔷薇型。成花率高。花期中。花瓣多轮，较大，质硬。雄蕊部分瓣化；雌蕊正常，房衣紫红色。植株直立。小型长叶，稠密，质硬，叶缘缺刻多，端渐尖、深绿色。生长势强。

(6) 红霞争辉 (Hongxia Zhenghui)

花紫红色，蔷薇型或菊花型。花期中。花瓣多轮，质地较软，排列紧密，基部具墨紫色斑；雄蕊稍有瓣化，雌蕊瓣化为绿瓣。植株高大直立。中型长叶，叶背有绒毛，生长势强，分枝力中。

枫叶红　　　　　　　　　青龙镇宝

（7）枫叶红枫叶红（Fengye Hong）

花浅紫红色，菊花型。成花率高，花期中。花瓣形大而质厚，边缘波状，花瓣背部有白锦；花心紫红色。植株高大开张。中型长叶，较稀疏；小叶卵状披针形，缺刻少，端渐尖。生长势强，萌蘖枝较少。

（8）青龙镇宝（Qinglong Zhenbao）

花紫红色，有润泽，千层台阁型。花期中，下方花瓣多轮，质地较硬，基部具黑紫色晕，雄蕊少，雌蕊瓣化成黄绿色彩瓣；上方花小而完整。植株高大开张。中型长叶，小叶椭圆形或阔卵形，端尖下垂，叶面黄绿色。抗倒春寒。

百园红霞　　　　　　　　　　　　首案红

（9）百园红霞（Baiyuan　Hongxia）

　　花紫红色，有润泽，蔷薇型或皇冠型。成花率高，花期中，适宜催花、切花。外瓣3～4轮，形大质硬，基部具深紫红色晕，内瓣稀疏，长而曲皱，瓣间杂有少量雄蕊。雌蕊退化或瓣化为绿色彩瓣。植株高直立。中型长叶，小叶长、呈倒卵形，端部稍扭，边缘紫色。生长势强，萌蘖枝少。

（10）首案红（Shouan　Hong）

　　花深紫红色，皇冠型。花期中偏晚。单朵花期较长，花朵耐晒。传统品种。外轮2～3轮形大质硬，圆整平展，内瓣紧密褶叠；雌蕊瓣化成绿色彩瓣或退化变小。植株高大直立，干性

紫叶荷   假葛巾紫

强。大型圆叶，肥厚，叶背密生绒毛。生长势强，萌蘖枝少，绿叶期长。抗病，耐早春寒。根紫红色，亦名"紫根牡丹"。

3.2.1.8 紫色系（7种）

（1）紫叶荷（Ziye He）

花紫色，单瓣型，花瓣大且瓣端纵向起皱。为野生牡丹初训品种。

（2）假葛巾紫（Jia Gejin Zi）

花紫色，楼子台阁型。花期晚。传统品种。花朵下垂。下方花外瓣4～5轮，大而平展，基部具深紫色晕；内瓣皱褶紧密，雄蕊完全瓣化，雌蕊瓣化成紫色彩瓣；上方花花瓣少，略大，雌雄蕊皆瓣化或退化消失。植株直立。中型长叶。生长势、分枝力强。

银鳞碧珠　　　　　　　赤鳞霞冠

（3）银鳞碧珠（Yinlin Bizhu）

花粉紫色，皇冠型。成花率高。花期中。外瓣3～4轮，瓣基部具紫晕；内瓣细碎卷曲，似鱼鳞状，瓣间有残存雄蕊，雌蕊瓣化，房衣紧裹，紫红色，柱头紫色。植株高大直立。大型圆叶，小叶肥大，较稠密；小叶叶缘波状，墨绿色。生长势强，分枝力强。

（4）赤鳞霞冠（Chilin Xiaguan）

花浅紫色稍带蓝色，皇冠型。成花率高，花期中。花蕾圆形。外瓣2轮，卵圆形，基部有紫斑；内瓣细碎，雌蕊瓣化为绿色彩瓣，花心红色。植株半开张。中型圆叶，小叶卵圆形，缺刻较多，端钝，边缘稍上卷，叶背脉上有少量绒毛。生长势强，萌蘖枝多。

墨魁

（5）墨魁（Mokui）

别名"紫魁"。花深紫色，皇冠型。成花率高，花期中，传统品种。外瓣两轮形大，质地较硬，基部具墨紫色斑；内瓣褶皱，端常残留花药，紧密隆起，形似绣球；雌蕊退化或瓣化。植株开张。大型圆叶，质厚肥大，小叶阔卵形，缺刻浅，叶面粗糙。生长势强，萌蘖枝少。

紫蓝魁　　　　　　　　　　　　　　俊艳红

　　（6）紫蓝魁（Zilankui）

　　花粉色微带紫色　，皇冠型。成花率高，花期中。外瓣2轮、形大，边缘浅齿裂，基部具紫色晕；内瓣紧密，皱褶，瓣端常残留花药；雌蕊退化或瓣化。植株高大，半开张。中型圆叶，质厚较密；小叶卵圆形，缺刻少而浅，端钝，边缘稍上卷。生长势、分枝力强，干性强。

　　（7）俊艳红（Junyanhong）

　　花粉紫色微带蓝色，千层台阁型。成花率高，花期中。花蕾扁圆形。下方花外瓣3～4轮，宽大质硬，边缘波状齿裂，基部具紫红色晕，雄蕊偶有瓣化，雌蕊瓣化成红绿色彩瓣；上方花花瓣量少而皱，端多齿裂。植株高大直立。中型长叶，小叶长卵形，缺刻少，端渐尖。生长势强，抗叶斑病，绿叶期长。

珠光墨润　　　　　　　　青龙卧墨池

3.2.1.9 黑色系（2种）

（1）珠光墨润（Zhuguang Morun）

花墨紫红色，细腻光泽，蔷薇型，有时呈菊花型。成花率高，花期中。外瓣4轮、较平展，内瓣质软而皱，基部具墨紫色斑，雄蕊部分瓣化，雌蕊稍有退化。植株半开张。中型长叶，小叶长卵形，缺刻少，边缘上卷，叶面深绿色具浅紫色晕。生长势、分枝力中，抗逆性强，萌蘖枝多。

（2）青龙卧墨池（Qinglong Wo Mochi）

花墨紫色稍浅，蔷薇型，有时呈皇冠型。成花率高，花期中。传统品种。花蕾圆锥形。外瓣2轮宽大，微上卷，基部具墨紫色晕；内瓣卷曲杂有正常雄蕊；雌蕊瓣化成绿色彩瓣。植

二乔

株半开张。大型圆叶，叶缘红色，叶端下垂。生长势强。分枝力、萌蘖枝中多，抗病性强，耐早春寒。

3.2.1.10 复色系（1种）

二乔（Erqiao）同株可开红色和粉色两色花，同朵亦有粉红两色，蔷薇型。成花率高，花期中。传统品种。花蕾扁圆形。花瓣质硬，排列整齐，基部具墨紫色斑，雄蕊稍有瓣化，房衣紫色。植株高直立。中型圆叶，有缺刻，叶背有少量绒毛。生长势强，萌蘖枝多。

凤丹白 太阳

3.2.2 江南牡丹

3.2.2.1 白色系（1种）

凤丹白（Fengdan Bai）花白色，单瓣型至荷花型。花丝、柱头、房衣均紫红色。植株中高，近直立；新枝中粗，淡绿色。大型长叶，小叶13～15，长椭圆形至长卵状披针形，全缘，叶柄绿色间有淡紫色。该品种适应性强，南北各地广泛栽培。花期早，中早，或花期中。

3.2.3 日本牡丹

3.2.3.1 红色系（1种）

太阳（Taiyang），花洋红色，菊花型。催花品种，成花率高，晚花。花瓣质较软且皱卷，边缘具齿裂，雌雄蕊正常。植株高大直立。茎色黄绿。中型长叶，幼叶黄绿色有红晕。生长势较弱，但耐早春寒。分枝少，萌蘖枝少。

岛锦   海黄

3.2.3.2 复色系（1种）

岛锦（Daojin），一朵花上有红白两色，蔷薇型。成花率高，花期晚。花蕾圆尖形。花瓣多轮，质地较薄，有光泽。雄蕊稍有瓣化，雌蕊正常。植株高大直立。中型长叶，幼叶深绿色，叶面有红晕。生长势较强，萌蘖枝少。

3.2.4 美国牡丹

3.2.4.1 黄色系（1种）

海黄（Haihuang），花黄色，菊花型。花期晚，成花率高。一年多次开花，催花品种。花朵侧开。花瓣质硬，层次清晰，基部具明显紫红色斑；植株高大半开张。大型长叶，小叶深裂或深缺刻，叶柄斜展，幼叶黄绿有红晕。生长势、分枝力强，萌蘖枝少。该品种适应性特强，绿叶期长，抗病，耐早春寒。香味中。

3.3 牡丹亭牡丹与运河文化

中华传统花文化中牡丹文化已融入运河文化、河洛文化中，是中国特有的文化现象，为南北方经济发展、文化交融起到了积极作用。

北京动物园前身是清代农事试验场。农事试验场西北部沿长河有北宫门、西北宫门和西宫门三座宫门。在试验场周围，有极乐寺、倚虹堂、五塔寺等名胜。长河是由西直门通往西郊各行宫御苑的唯一御用河道。长河东端的高粱桥自明代以来即人们踏青的好去处。

农事试验场筹建之初农事试验以植物为主，进行谷麦、桑蚕、蔬菜、果木和花卉五大类植物试验。花卉试验有来自世界各地的花卉名品，包括我国福建的兰、江苏的菊，意大利的花草，澳大利亚的兰花，日本的菖蒲、蔷薇、樱花……其中就有自河南、山东引种的牡丹的文字记载。牡丹亭早在1908年建成，自那时起就遍植牡丹。历年的农事试验场成绩报告及植物名册记录都有牡丹、芍药在列。这些牡丹是如何引种过来呢，主要是通过水路——京杭大运河。乐善园是水景园，乾隆曾作诗曰："乐善始康邸，取义东平仓。"乐善园建设始于康亲王，古运河自元代开通由东平至临清的会通河后，京杭大运河流经东平。明永乐九年（1411年），东平成为漕运要枢，历时600余年。江淮一带漕粮船，每年400万石*粮食皆取道于此运往京都。"取义东平仓"即乐善园取其作为运河漕运的一个重要枢纽之

---

　　*　石为我国古代容量单位，1石=10斗，1斗=10升。——编者注

意。运河沟通海河、黄河、淮河、长江、钱塘江五大水系，对中华文明形成具有深刻历史意义。无论洛阳、长安、亳州、曹州（今菏泽），均属于沿运河一线。曹州牡丹自明代兴盛，其宋代濒临运河支线广济河，元代运河改线东移，濒临运河主干线，属于运河直接辐射区域。山东境内沿运河的济宁、东昌、临清发展带动了古代曹州地区的发展。明初年，曹州就有了牡丹，从民间传说中推测曹州牡丹有些品种最早来源是洛阳。有记载说，明嘉靖年间，菏泽东北八里许赵楼村人赵帮瑞（曹州牡丹名园赵氏园创始人），每年秋后把自家园里结的木瓜运往北京、天津出售，见到北京有好牡丹，就购来数种栽到园中，经过精心培育，买来的北京牡丹枝叶茂盛，花大色艳，比在北京长得还好，这就是"橘生淮南则为橘，生于淮北则为枳，叶徒相似，其实味不同。所以然者何？水土异也。"赵帮瑞感到曹州更适合牡丹的生长习性，通过分栽嫁接，使牡丹品种日益增多。据曹州赵氏花谱序中记载，明万历年赵楼村瑞波公素性爱花，每年春间，他的花园百卉争艳，只缺少上色牡丹点缀，赏玩觉得美中不足。于是听说洛阳牡丹甲天下，便到洛阳学习移植栽培技术，得上品牡丹10余种，带回曹州精心栽培繁衍。由此推知，对于曹州牡丹的兴起、发展，北京和洛阳发挥了很大作用。洛阳是运河东移前南北交汇中心，北京是运河东移后北方终点。

《山东通志》记载："牡丹，曹州最盛，居民以此为业分运各省。"春季曹州"土人捆载之（牡丹），南浮闽粤，北走京师。至则厚值而归，故每岁辄一往。"据《菏泽县乡土志》

记载，清光绪年间每年运往外地的牡丹，多则3万株，少亦不下2万株。曹州牡丹与各地交流频繁。

　　运河北京段是由白浮泉沿今京密引水渠至玉泉山与瓮山泊，再沿南长河至积水潭，沿通惠河故道(今玉河故道)，最终沿通惠河至通州。其中，南长河流经农事试验场，可以说曹州牡丹经由运河进京非常便利，一些花卉植物便经由水道运送到农事试验场中栽植试验。因此，北京动物园的牡丹亭牡丹种植沿革与运河有着密切联系。

4

牡丹与文化

　　牡丹文化是物质文明与精神文明结合的产物，是民族文化的一部分，与其他类型的文化相比，牡丹文化具有较浓重的生物学特点、药物学特点、园艺学特点、美学特点、文学特点，以及较浓重的乡土气息、富贵之感、人生回味、生活勇气和旅游氛围。太平盛世喜牡丹，牡丹文化也如此。这里按照牡丹相关的物质文化和精神文化分别介绍。

北京动物园
牡丹亭与牡丹文化

4.1 牡丹与物质文化

　　物质文化是人类发明创造的技术和物质产品的显示存在和组合。不同的物质文化状况反映不同的经济发展阶段以及人类物质文明的发展水平。物质文化来源于技术并与社会经济活动的组织方式直接相关。它包括衣食住行等多方面。自古以来，衣食住行等领域都离不开牡丹的影子，这说明人们喜爱牡丹，牡丹在人们心中具有特殊的寓意。

4.1.1 牡丹与器物服饰

　　从隋代开始,牡丹被作为观赏植物后，器物装饰纹以牡丹为纹样的加工方法被广泛推广开来，且分布地域广泛。牡丹纹样出现在壁画、织绣品、服装、唐卡、陶器、瓷器、木雕、砖雕、石刻、金银铜铁器等不同材质的古器物、建筑等民间生活中。一种是单独出现牡丹纹样的方式,另一种则是动植物或人物和牡丹纹样相结合的方式，如河南洛阳出土的唐代彩绘牡丹塔形陶罐、北宋的缠枝牡丹纹铜镜，清代还发行过有牡丹饰纹的花钱。

　　唐代牡丹一开始就作为饰品出现在仕女服饰中。唐代的丝绸织锦中有写实的牡丹纹样出现，除此以外还有唐草纹和团花纹两种变换的纹样。宋代丝绸纹样中牡丹穿枝花式和穿花式较为常见。元代由宋代穿花枝纹演变牡丹缠枝纹。到了明代，缠花枝发展成连缀式组织格式。清代织染印染中牡丹纹样成为织物上最常见的图案。清朝新娘嫁衣也有蝶恋花(牡丹)图案。牡丹所蕴含的民族传统文化和民俗民情给服装设计带来了创作源泉，使其发展更具有民族性、文化性和时代性。

4.1.2 牡丹与食文化

民以食为天，人们衣食住行都离不开农业。牡丹的种植应用也属于农业的一部分。因为温差、湿度、全年降水量、分布区海拔高度等情况的不同，牡丹花期从4月下旬到6月上旬中，分为早、中、晚花期。牡丹适应性强、栽培地域广泛、栽培历史悠久。多年来，人们总结出了关于牡丹养殖的农谚和栽培技术，从宋代开始涌现了多部牡丹谱录。

关于牡丹的农谚是古代花农、花匠在长期养殖牡丹的生产实践中积累起来的经验总结。在封建社会中，劳动人民被剥夺了读书识字的权利，这些经验通过口口相传的朴素而朗朗上口的句子流传和继承下来。时至今日，仍具有很高的指导价值。

4.1.2.1 牡丹农谚

本书收集了一些关于牡丹的农谚，这些农谚符合牡丹的生长、繁殖习性，具有很高的参考价值。

牡丹"春开花、夏打盹、秋发根、冬休眠"：此谚语是对牡丹一年四季生长发育情况的形象概括。在牡丹的年周期中，春季，从发芽、展叶、长枝、育蕾到谷雨前后开花，称为"春开花"。这一阶段生长完成一年的生长量。当牡丹花谢后，进入立夏。在夏季，牡丹进行光合作用，积累储藏养分，花枝木质化，形成花芽，但由于从外观上好似处于生长停顿状态，所以俗称"夏打盹"。立秋以后，种子已经成熟。地温适宜，牡丹的根系生长出现高峰期，长出新根，谓之"秋发根"。"冬休眠"，立冬之后，叶子枯萎脱落，进入休眠期。

"牡丹为王、芍药为相"：在植物分类上牡丹和芍药属同科同属，牡丹为木本，芍药为草本。二者在形态结构、生态习性相似或相近，而且还有一定亲缘关系。汉代以前，牡丹、芍药统称为"芍药"。汉代称牡丹为"木芍药"。因两者花形酷似，花农种植时，两者搭配使用，以延长花期。由于人们崇尚牡丹，牡丹色彩鲜艳、端庄大气，故称牡丹花为"王"，谓芍药花为"相"。

"秋分后，重阳前，七芍药，八牡丹"：指每年中秋节前后是栽培牡丹的最佳时间。"七芍药、八牡丹"指牡丹、芍药的农历栽植季节，芍药在七月，牡丹为八月。古时人们曰："八月十五是牡丹的生日"，这期间栽牡丹易成活。

"耕麦天，种牡丹"：说麦和牡丹的种植时令相同。有"秋分五，麦入土"的农谚，此时令也正是牡丹分株、嫁接的最佳季节。

"播种覆土，深不过五"：指牡丹播种后覆盖土壤的厚度，不要超过牡丹种子直径的5倍，即4～5厘米为宜。

"春分栽牡丹，到老不开花"：是说牡丹若在春分时令栽，已过了栽植时间，不易正常生长，即使成活，由于植株生长过弱，也不易开花。其实，还有个栽培方法问题，如果春分时，采用带土坨(宿土)移栽，土不散，尽量少伤根，保持原根系的吸收能力，不仅可以成活，还可开花。中原地区，油用牡丹的移栽时间一般在9—10月。凤丹牡丹入秋以后有一个根系生长高峰，是移栽的最佳季节。

"牡丹舍命不舍花"：指牡丹的开花习性。人们在春季移栽的牡丹，当根系尚未旺盛吸收营养时，地上植株一方面生长枝叶，一方面育蕾、开花，要消耗来自根部贮存的大量或全部养分，人们认为牡丹舍命将营养用在开花、结实上，使之传宗接代，即所谓"舍命不舍花"。这一说法并不完全准确。其实，牡丹在正常的生长时程中，也有"舍(部分)花保命"现象。当牡丹的植株形成花蕾过多，株体内的养分不足以使全部

4. 牡丹与文化 ／ 59

花蕾开花时，牡丹会自身调节分配养分，使大量的养分优先供应发育较好的花蕾上，保证其开花；另一部分花蕾，则因养分不足、发育不良而败育，不能开花，这就是牡丹的"舍(部分)花保命"现象。河南洛阳的花农们，采用花前复剪、除去弱蕾、调整营养的措施，克服牡丹所谓"大小年"的现象。

"牡丹最怕胎里穷"：牡丹的"胎"是指牡丹的花芽。牡丹喜肥，若供肥不足，则花芽分化不良，发育差，影响开花。牡丹从当年6月上旬开始花芽分化到翌年花芽成蕾破绽期大约10个月，都可能因营养不足影响分化或使花蕾败育。所以，花芽期需要充足的养分供应，才能保证花芽分化良好，形成饱满的花芽，从而才能达到开时的花大色艳。古时亦有护"胎"之说："霜降以前牡丹叶不可使之枯落，叶落则有秋发之患，倘受灾害自落太早，看胎将有萌动时，须以薄绢将胎缚严，可避其害，否则来年无花"。

"牡丹不冻不开花"：是指牡丹的花芽必须经过低温春化，否则就不会发芽、开花。打破牡丹花芽休眠需有效低温为0～10℃，经过0～10℃气温不少于40天的低温积累，否则不能形成花芽。只要营养条件合适，油用牡丹成年植株当年生枝上的上位侧芽与基部一年生枝上的顶芽均易于形成花芽。花芽为混合芽，当年9月分化完成。花芽越冬要求一定的低温过程。当年生枝条基部生4～5个侧芽，通常上面2～3个能形成花芽，旺盛者可形成4～5个花芽。

"牡丹给人一尺，自留三寸"或"牡丹长一尺，退八寸"："尺、寸"为市制，是指牡丹的一年生开花枝，年生长量一般为30厘米左右。牡丹开花后在霜冻到来之前，不能全部木质化。在果实成熟(结实)或残花(不结实)干枯后，该花枝从上向下逐渐干枯，木质化部分生长充实，仅有8～10厘米(市尺为3寸），即所谓牡丹给人一尺，供观赏，自留三寸为生长。也有"长一尺，退八寸"之谚。牡丹的营养枝则不同，也同样只有一次生长，形成顶芽，此一年生的枝条则全部木质化，不会干缩，其年生长量最长者达50～60厘米。顶芽为花芽时，开花后，才会出现上述现象。

"荷花爱洗脚，牡丹怕湿脚"：牡丹在发育过程中形成"宜冷、畏热、喜燥、恶湿"的生长习性。"荷花爱洗澡"是指荷花为水生植物，喜水，全株浸泡在水里也无妨；"牡丹怕湿脚"的"脚"是指牡丹的根系为肉质，怕湿。其中"恶湿"，即怕土壤积水，湿则根易烂、生长不良，严重时还会造成死亡。

"牡丹爱搬家，越搬越开花"：此谚语的"搬家"是指对牡丹进行移栽。牡丹若为重茬花，根部易产生病虫害，影响其正常生长和开花。另外根系过老，易腐朽，需分株移栽。供观赏的牡丹，也有株龄数百年而不曾"搬家"者，仍花繁叶茂。

"老梅花，少牡丹"：指牡丹、梅花的开花质量。梅花的"老"即株龄长时，树形的姿态越显苍奇，多年生枝越多，开花越繁，观赏性越高。牡丹的幼龄时期，生长旺盛，花枝粗壮，花芽饱满，开花大，色艳，芳香宜人，观赏性高，给人以欣欣向荣、兴旺发达的感觉。反之，牡丹株龄越老，生长势渐弱，开花减少。

"谷雨三朝看牡丹"：指牡丹在黄河中、下游的开花期。"谷雨"大约在阳历4月20日。"谷雨三朝"即在谷雨的前或后3天，牡丹花进入盛花期，最宜观赏。"倒春寒"时，气温偏低，洛阳牡丹盛花期也曾推迟7～8天。元代耶律铸在《天香台赋》中指出不同地区气候有异，牡丹花期不同："燕南牡丹期在谷雨前后，北地高寒开在夏日。"

"芍药打头，牡丹修脚"："芍药打头"指芍药的一枝花茎上，除有顶生蕾外，其下部也能生出侧生蕾3～5个，均可开花。但以顶生主蕾开花最大，侧蕾开花较小。为了芍药能开出朵大且艳的花，须主蕾集中养分，使花茎直立，所以要及时疏去侧蕾。"牡丹修脚"是说，牡丹在生长时，根可分生数十个土芽，易于分株繁殖。为保证牡丹株型美观，避免消耗大量养分，影响开花结籽，促成"向心生长"，要将根部的萌芽除掉。若为扩大繁殖，则不必"修脚"。

"能收八成嫩，不收九成老"：指牡丹种子在达到一定的成熟度后，其萌芽率随成熟度提高而降低。因牡丹种子的上胚轴具有休眠的特性，在7月下旬至8月上中旬即可采收，过晚则会降低发芽率。

4.1.2.2 牡丹谱

中国古代生物类专著发展不仅与当时科技发展、生物学知识积累有关，也与园林、花卉、绘画等艺术领域和当时的社会意识形态有较密切关系。古代牡丹谱录(公元986—1911年)有记载共计45部(表4—1)，其中现存于世17部，主要分为品种谱和综合谱两类。由于部分谱录原书已佚，无从考证其属于哪类，故根据现有已知统计品种谱12部、综合谱14部。宋代涌现谱录类著作，牡丹谱占19种，几乎占花卉谱录总数的一半，尤其以北宋为代表时期。目前可以考证到的公元986年的宋代仲休撰《越中牡丹花品》是我国古代第一部花卉专谱、第一部牡丹谱录，也是世界上第一部牡丹谱录，原书已佚。中国古代牡丹区域分布明显，谱录也根据区域有所区别。中原地区的牡丹谱录数量 23 部，江南地区 6 部，西南地区有 3 部。

表4-1 古代牡丹谱录

朝 代	书 名	作 者	成书时间
	越中牡丹花品	仲 休	公元986年
	牡丹谱	胡元质	公元1011年
	花品	钱惟演	公元1030年
	洛阳牡丹记	欧阳修	公元1034年
	冀王宫花品	赵守节	公元1034年
	庆历花品	赵 郡	公元1045年
	牡丹记	沈 立	公元1072年前
	牡丹花品	宋次道	公元1079年
	洛阳牡丹记	周师厚	公元1082年
宋	牡丹谱	范纯仁	公元1027—1101年
	洛阳花谱	张 峋	公元1086—1093年
	彭门花谱	任 璃	公元1102—1106年
	陈州牡丹记	张邦基	约公元1113年
	浙花谱	史正志	约公元1175年
	天彭牡丹谱	陆 游	公元1178年
	牡丹荣辱志	丘 璿	
	能改斋漫录·牡丹谱	吴 曾	
	洛阳贵尚录	丘 璿	
	江都花谱		
	序牡丹	姚 燧	公元1289年
	青州牡丹品		
元	奉圣州牡丹品		
	陈州牡丹品		
	总叙牡丹谱		
	丽珍牡丹谱		

朝 代	书 名	作 者	成书时间
元	道山居士录		
	天香台赋	耶律铸	
	天香亭赋	耶律铸	
明	诚斋牡丹谱	朱有燉	公元1431年
	牡丹花谱	高 濂	公元1591年
	亳州牡丹史	薛凤翔	公元1573—1617年
	评亳州牡丹	夏之臣	公元1583—1613年
	亳州牡丹志	严 氏	公元1579年
	牡丹志	朱统安	
	丛桂牡丹谱	朱统安	
	王氏牡丹谱		
	二如亭群芳谱	王象晋	
清	曹南牡丹谱	苏毓眉	公元1669年
	亳州牡丹述	钮琇	公元1683年
	牡丹种植谱	郭如仪	公元1756年
	曹州牡丹谱	余鹏年	公元1792年
	牡丹谱	计 楠	公元1809年
	桑篱园牡丹	赵学俭	公元1828年
	绮园牡丹	晁国干	约公元1839年
	新增桑篱园牡丹谱	赵世学	公元1911年

注：表中空白为不可考。

4.1.2.3 牡丹与饮食文化

药食同源文化，是中国传统医学和养生学中的重要内容。清宫医案表明，爱美如命的慈禧太后是一个最能"消费"鲜花的人。她注重养生，爱花、吃花成癖。慈禧曾两次来到农事试验场视察，并前往中式花园赏牡丹品茗。她比较喜欢的一种小食就是将牡丹花瓣炸后做成的零食。而牡丹作为她最为喜爱并钦定为国花的植物，想来除了盼望潜藏于心灵深处的牡丹吉祥之兆转化为趋利避害、生福消灾的效果外，也是对牡丹药食同源作用的极大肯定。

牡丹具有很高的药用和保健价值，为历代医学家和养生家所青睐。牡丹本身具有丰富的营养价值。中国科学院等单位对牡丹花瓣和花粉的化学测定结果表明，牡丹的花瓣和花粉中含有多种有益于人体的营养物质。牡丹含有的13种氨基酸中有8种为人体所需，且含量较高；还含有多种维生素、糖类、黄酮类，以及多种酶，7种常量元素和5种人体所需的微量元素。

（1）牡丹菜肴

用牡丹花制作饮食，不仅有丰富的营养，而且在加工制作过程中，无论是滑炒、勾芡还是清炖，牡丹浓郁的香气经久不变。以牡丹等鲜花为饮食，其历史甚为久远。商初大臣伊尹，为今洛阳伊川人，他精通烹调之术。《吕氏春秋·本味篇》引用他的话说，"菜之美者，昆仑之苹，嘉木之华(花)。"据记载，牡丹有煎、炸、氽、蒸、酿等多种加工方法。牡丹生菜、牡丹燕菜、胭脂绣球、丹皮扒鱼翅、牡丹羹、牡丹汤、牡丹饼、牡丹糕等与牡丹文化相关的各种菜肴、糕点、茶饮、调味品更是不胜枚举。

早在五代时，牡丹即被应用为美食材料。据《广群芳谱》卷32引《复斋漫录》载云："孟蜀时，礼部尚书李昊每将牡丹花数枝分遗朋友。以兴平酥同赠，曰：'俟花凋谢，即以酥煎食之'。"到唐代，牡丹在都城洛阳普遍种植，以牡丹入菜已很普遍。诗人王维的《奉和圣制重阳节宰臣及群官上寿应制》中有："芍药和金鼎，茱萸插玳筵。无穷菊花节，长奉柏梁篇"。苏东坡曾有两首诗作谈到油炸牡丹这一美食。其一为《雨中看牡丹》："未忍污泥沙，牛酥煎落蕊。"另一首为《雨中明庆赏牡丹》："明日春阴花未老，故应未忍着酥煎。"

南宋时期的一道宫廷名菜，便是"牡丹生菜"。而这道菜，也揭开了牡丹花首度入馔的历史源流。宋人林洪所作的《山家清供》提到："宪圣喜清俭，不嗜杀，每令后苑进生菜，必采牡丹瓣和之，或用微面裹，煠之以酥。"而南宋人吴曾《能改斋漫录》一书引录邱濬《牡丹荣辱志》，"花屯难"中有一条为"酥煎了下麦饭"，就是说，把牡丹花片用酥油煎炸成小吃之后，可当作咸菜，用来下粗粮饭。显然，酥煎牡丹在宋代确实存在，作为宫廷和风雅人士当中流行的一款芳馔。

到明清时代，炸花片是风行度颇高的清口小吃，并不稀罕。在明代，高濂的《遵生八笺》提及："牡丹新落花瓣亦可煎食"；王象晋的《二如亭群芳谱》则称："花瓣择，洗净，拖面、麻油煮食，至美。"清代顾仲的《养小录》对此记述得更详细："牡丹花瓣，汤焯可，蜜浸可，肉汁脍亦可。"

(2) 牡丹糕点

很多人听过武则天贬牡丹的故事，却不知道武则天与牡丹饼也有着十分密切的关系。牡丹饼也称天皇饼、三皇饼，出现在唐代。它采用新小麦粉和从盛开的牡丹花上采下的牡丹花瓣和面做成皮，裹以牡丹花蕊、时鲜果肉的馅儿，做成盛开牡丹状。牡丹饼味美可口，鲜香诱人，有滋养调理之功，益体健身之效，所以成为宫廷中补体健身的美味食品。贞观十七年，唐太宗病重，才人武则天与同在伺疾的太子李治渐生情愫。一次，御厨为病中的太宗做了几个牡丹饼，李治便悄悄拿给媚娘品尝以表达自己的爱意。唐代诗人杜牧在《月夜西苑会友人》诗中曾云："素月牵下银河水，明烛布上玛瑙台。牡丹不随东君意，成饼只送美人怀。"说的就是牡丹饼。

后来，武则天入感业寺为尼，她想起了和唐高宗的定情物牡丹饼。为了打发冷清的时日，她将自己改良制作的用牡丹花瓣、大豆、枣肉烘焙出来的牡丹饼惠赠给群尼。唐高宗在太宗周年忌日到感业寺进香，武则天以饼传情，终于二人见了面。唐代诗人李商隐也有一诗云："牡丹成饼何人事，传情媚娘运复来。素饼本无覆天意，机缘才是人心阶。"从杜牧和李商隐的两首诗中可以看出，牡丹饼在武则天的命运转折过程中发挥了不可替代的作用。不久，武则天入宫立为皇后。因高宗称天皇，她称天后。此饼出自皇家，时人称此饼为天皇饼。又因此饼为武则天在寺中发明，后人认为它含有佛理，故"三皇饼"又成为一个佛教典故。

武则天忘不了牡丹饼的功劳，她对牡丹饼更加喜爱。牡丹花开时节，她常令御厨采集牡丹花瓣、花蕊制成精美的牡丹饼，除自己品尝外还赐给重臣近侍。《隋唐佳话录》记述，有一年花朝节，牡丹盛开。女皇武则天突发奇想，命宫女采集大量牡丹花瓣等，同糯米一起捣碎，蒸制成"牡丹糕"，也称为"百花糕"，分赐给群臣。

唐时，牡丹饼随牡丹传到了日本。北宋时，出现了一种类似牡丹饼的"东坡酥"，人们在赏牡丹时要吃这种用牡丹花瓣做成的甜品。南宋吴自牧的《梦梁录》说，北宋南迁杭州后，牡丹饼也传到杭州，苏杭的"金银炙焦牡丹饼"盛极一时，成为吴越人最喜爱的糕点。

(3) 牡丹酒

唐代有着浓厚的饮酒风俗，武则天喜爱牡丹又好酒。"牡丹酒"则是武皇对牡丹开发应用的又一佐证。

据史书记载，西汉张骞出使西域为中原带来了酿酒的工匠。公元684年，武则天幸临位于洛阳北邙的"上苑"，感伤于"花开花落终有时"，同时又觉宫廷内的"葡萄美酒夜光杯"有外蛮气氛，便密令国师胡天师"玉灶炼丹砂"。在神都洛阳的上苑以高粱、小麦为主料，并加入牡丹花、叶、根茎等酿酒，以扬国威，彰显天朝圣德。

经过努力，胡天师酿出了五颜六色、花香浓郁、艳丽富贵的牡丹酒，这令武则天龙颜大悦。公元690年9月9日，武则天在神都洛阳应天门登基称帝，牡丹酒作为登基大典专用酒亮相，惊艳全场，为朝中大臣和外国使节所称颂，被誉为"天赐神物""祥瑞"。据考证，牡丹宴酒在唐朝诞生后，曾风靡宫廷，如今洛阳城区的东下池、西下池都曾是牡丹酒的酿造地。武则天喜欢饮用牡丹酒，在《早春夜宴》诗中可见一斑："送酒唯须满，流杯不用稀；务使霞浆兴，方乘泛洛归。"同时，也因牡丹酒的"太阴凝至化，真耀蕴轩仪"，实现了她"尊浮九酝、礼备三周、契福神猷"的82岁长寿天年。遗憾的是唐末因对酿酒古方秘而不宣，牡丹酒失传。

(4) 牡丹茶

牡丹还可以做茶，明《亳州牡丹史》卷之二记载："其春时剪芽虽多，不弃沃，以清泉驱苦气，曝干瀹茗，清远特甚。"

与牡丹相关的食物丰富多彩。宋代陶谷在《清异录》中写道："吴越有一种玲珑牡丹鲊，以鱼、叶斗成牡丹状，既熟，出盘中，微红如初开牡丹。"鲊，以米饭带动鱼肉入味，据说传到日本后，成为寿司的起源。《中国益寿食谱》收录"牡丹花银耳汤"，具有清肺热、益脾胃、滋阴生津、延年益寿的功效。

(5) 牡丹宴

老饕们大约都听说过洛阳水席，是迄今为止我国保留下来的历史最为久远的历史文化名宴之一，被誉为"中国宫廷筵席的活化石"。洛阳燕菜又称牡丹燕菜，是传统河南洛阳水席中的第一道大菜，以其形美、色艳、味鲜被誉为河南传统菜的奇葩。那么牡丹燕菜用材中没有牡丹，因何命名呢，这里有一段有趣的轶事。

1973年10月周恩来总理陪同加拿大总理特鲁多游览洛阳，洛阳市领导用水席招待。名厨用鸡蛋精心制作了一朵牡丹花放在燕菜上。周总理看了非常高兴，说："洛阳牡丹甲天下，菜中也开牡丹花"。从此，燕菜便改称"牡丹燕菜"。

食用牡丹在国人眼中被视为高级生活情趣，同时还创造出许多与牡丹文化相关的牡丹宴。

据《宋史·张镃传》及《齐东野语》载："张镃，字功甫，号约斋，宋代文学家。曾官奉议郎、直秘阁。他追求饮食之乐，常常想尽办法置办各种风格迥异的宴会，使人惊叹称绝。"

《童蒙训》记述了张镃办牡丹会的情形。开始，众宾聚集一堂，寂无所有。忽然卷帘，异香从内出来，郁然满屋。群妓端上酒肴丝竹次第而至。另有十名美貌歌女，皆穿白衣，头戴红牡丹花，边唱边舞。这一拨歌女歌舞完毕退场，少顷，又闻香来，另一拨歌女登场，如是十次。穿紫衣时簪白花，穿黄衣时簪紫花，穿红衣时则簪黄花，所唱之歌，皆为前辈牡丹名词。十轮歌舞演罢，宾客的酒也喝得差不多了。牡丹会毕，竟有数百名歌女、妓女列队送客，"烛火香雾歌呼杂作，客皆恍然如仙游"。

在人们种植、加工、制作、食用、欣赏牡丹以及与之相关的食品的生活实践中，其风俗习惯、礼仪规范以及与之相关的文化现象和饮食审美观念逐步积淀而成。牡丹已不仅在各时代广大民众、文人雅士、皇宫贵族中作为养生食品应用，更多的是作为中国独有的牡丹饮食文化传承并发扬光大。

4.1.3 牡丹与医药

炎帝被人们称为神农，是我国的农业之神，使我国从原始的采集、渔猎进入到农耕时代。在我国一些史书上，如《史纪纲要》中出现的"神农尝百草，始有医药"的记载，《淮南子·修务训》中关于"神农……尝百草之滋味，水泉之甘苦，令民知所避就，当此之时，一日而遇七十毒"的记述，西汉贾陆的《新语卷上·道基第一》、任防《记异记》中也有关于神农尝百草的传说和古谚。神农尝百草，使人们知晓了一些植物药性和毒性，并将其应用于治疗，从而开创了我国的中草药学。炎帝所尝的百草都包括哪些药草并无记载，这些知识由早期的口耳相传、习习相因，师学相承。直至东汉时期，经总结整理，出现了第一部中药学专著《神农本草经》，三卷，原书早佚。现行本为清孙星衍、孙冯翼所辑。从后来的《神农本草经》和《黄帝内经》中都出现了"牡丹"这味药材来看，有理由认为，炎帝尝百草时认知了牡丹及其药性并流传下来。《神农本草经》共载药物365种，其中植物药252种、动物药67种、矿物药46种，并详述了其性味、功能和主治，根据药物的性能和使用目的又将这些药物分为上、中、下三品。在这部著作里牡丹属"中品"药材，具体记载是："牡丹味辛寒，一名鹿韭，一名鼠姑，生山谷。主寒热，中风瘈疭、痉、惊痫邪气，除症坚瘀血留舍肠胃，安五脏，疗痈疮。"

甘肃牡丹历史悠久。1972年11月，甘肃武威柏树乡在下王畦村东旱滩坡兴修水利时，意外发现了一座东汉墓，发掘出了92枚医药简牍，后称之为"武威汉代医简"，是迄今发现的汉代比较丰富而完整的药物学原始文物。医简中木简78枚、木牍14枚，记有内外科疗法、药物配方炼制及用药方法等，其中有用牡丹根治血瘀病的药方。汉代，武威地区已经用牡丹入药表明甘肃牡丹已经和民众的生活发生了密切的关系并进入了药学领域。

我国第一部牡丹专著——宋代欧阳修的《洛阳牡丹记》中提到："牡丹初不载文字，唯以药载本草。"医圣张仲景，确切地在他的药方中应用了牡丹。李时珍也曾在《本草纲目》中记载："牡丹以色丹者为上，虽结籽而根上生苗，故谓之牡丹"，他还认为野生单瓣者入药为好，人工为观赏栽培的重瓣者气味不纯，不可药用。药王孙思邈集注留存《华佗神方》中牡丹入药的方剂就有22个。我国传统医学的经典著作《神农本草经》《珠珍囊》《华佗千金方》《伤寒杂病论》《滇南本草》《唐本草》《本草纲目》《本草经疏》《重庆堂随笔》《本草疏证》等，也都有"用牡丹畅通心肝肾三经、调理人体气血、活络人体经脉而喜清除浊、藏精抑邪、自安五脏、延年益寿"的科学论证和判定。

近年来，试验研讨发现丹皮对心肌缺血、银屑病、紫癜等具有明显的医治作用。现代医学研究发现丹皮含牡丹酚原苷(酶解后生成牡丹酚和牡丹酚苷)、挥发油(芍药酚)、甾醇、生物碱等。牡丹根中含有丰厚的丹皮酚，丹皮酚又称为牡丹酚，是一种小分子酚类物质，是丹皮药用价值的次要活性物质，具有抗菌消炎、清热止痛、抗过敏、缓解肢体痉挛、活血化瘀、加强人体抵抗力等多种功用。多项研究表明，丹皮酚对人体卵巢癌、舌癌、食道癌、大肠癌细胞等具有一定的抵抗作用，丹皮乙醇提取物可以有效降低糖尿病小鼠体内的血糖含量。

4.1.4 建筑学中的牡丹文化

建筑是文化的直接载体。建筑装饰中的图像符号则是自然崇拜、图腾崇拜、祖先崇拜、神化意识等和社会意识的混合物，从中可以折射出一个民族的哲学、文学、宗教和审美意识等。牡丹纹饰正是其中一个具有典型特征的装饰图像符号。自古以来，牡丹纹饰广为中国人民所喜爱，在古代建筑和室内装饰中广泛应用，其表现形式分为雕刻、壁画、彩画等多种。

宋代李诫编纂的《营造法式》装修一章，雕插写生花介绍有五种："一曰牡丹花；二曰芍药花；三曰黄葵花；四曰芙蓉花；五曰莲荷花。"起突卷叶花三种："一曰海石榴花；二曰宝牙花；三曰宝相花。每一叶之上三卷者为上，两卷者次之，一卷者又次之。"关于剔地洼叶有六种："一曰海石榴花；二曰牡丹花；三曰莲荷花；四曰万岁藤；五曰卷头蕙草；六曰蛮云。"

雕刻以牡丹为纹饰，分为砖雕、石雕、木雕3类，出现朵花、缠枝牡丹、折枝牡丹3种表现纹样。

4.1.4.1 砖雕

砖雕多见于明清代民间木结构建筑屋顶脊饰、照壁及门楼、花窗、墙面上，技法包括平面雕、深浮雕、浅浮雕、圆雕、透雕、贴雕、嵌雕等。洛阳出土的"北宋砖雕孝子图"墓中，砖雕上有牡丹、菊花等花卉图案。北宋砖室墓中，墓室七面砖壁、腰花板皆雕牡丹花。门扉下部的障水板上则雕饰

有牡丹、芍药，如常家大院墀头、乔家大院脊饰、潭柘寺塔院
宪楣、徽州砖雕门楼等。北京动物园遗留的清农事实验场正门
砖雕牌楼，中间部分的图案是"双狮抱球"，下面还有一只蝙
蝠，两侧有两条龙，四周环绕着祥云和牡丹，寓意富贵吉祥。

4.1.4.2 石雕

石雕则常见于古代宫殿、寺庙佛塔、桥体、陵墓石壁、
石窟等建筑上，如西安大慈恩寺灵骨塔、北京灵光寺桥体。北
京房山长沟唐幽州节度使刘济及其夫人墓中，其夫人墓志盖表
面装饰精美，四刹浮雕文吏怀抱十二生肖造型，间以浮雕彩绘
牡丹花图案，做工精美，国内罕见。刘济的石棺床呈六层结
构。第一层雕刻的是面部形象，表情各异；第二层是祥云；第
三层是牡丹花的纹饰；第四层是瑞兽；第五层是彩绘牡丹；第
六层是祥云。1991年，在北京八里庄发现了唐墓花鸟壁画《王
公淑墓牡丹芦雁图》。

4.1.4.3 木雕

中国古代建筑以木结构为构架体系，大木作决定整体造
型艺术特色，小木作起到画龙点睛作用。小木作装饰中以木雕
和彩画为主要表现方式。花鸟图案自唐代开始成为木雕工艺主
要题材，牡丹更是最常出现的图案。留园的木雕罩和安徽歙县
潜口民居木雕门窗上都有牡丹等花卉纹样出现。云南省大理
白族建筑木构件上的雕饰尤为突出，梁柱、窗棂、斗拱、雀
替、槛墙群格、格扇门等处也有许多牡丹图案，如 "牡丹亭
格扇门花心""牡丹盆花格扇门花心""牡丹童子可靠扇门花
心""山茶牡丹格扇裙板""牡丹与卷草纹小花板""凤穿牡
丹格扇门花心""文豪雅趣格扇门花心(瓶插牡丹)""春花

(牡丹)秋果格扇门花心""博古瓶花(牡丹)格扇门"等。

雕梁画栋，经过绘彩的栋梁，多见于形容宫殿、皇家宗庙、道观、佛殿和园林建筑华美、有气派。在建筑上画彩画既有美学上的要求，也具有社会礼制和保护木质构件的实际意义。

彩画原是为了木结构防潮、防腐、防蛀，后来才突出其装饰性。宋代以后彩画已成为宫殿不可缺少的装饰艺术。除了和玺彩画、旋子彩画、苏式彩画，还有宝珠吉祥草等纹样和通体海墁的表现形式。明代彩画构图简练、纹饰简单，而清代彩画花饰烦琐，既吸收了明朝的彩画特点，又结合了满族和蒙古族、藏族的工艺，民族文化得到了融合，至清康熙、雍正、乾隆时期吸收了西方的文化精华，与中国传统文化相结合，官式苏画趋于完善、规范，清代后期成型，纹样活泼、不呆板，在有秩序中寻求变化，形成了独特风格。

早在《论语》《礼记》中对彩画早有记载，无论是和玺彩画，还是旋子彩画、苏式彩画均结合有花草纹样。牡丹纹最早出现于魏晋南北朝时期，在佛教壁画和石刻中出现，后逐渐出现在皇宫建筑、佛寺等建筑形式中。例如，山西省芮城县永乐宫无极殿中有元朝泰定三年的彩画，继承了唐宋时期的特点，顶上统一区构，表面抹泥，画的是黑底的牡丹花和龙尾。龙若隐若现，活灵活现。

和玺彩画、旋子彩画等级较高，苏式彩画则是明永乐年修缮北京宫殿时由南方传入北方的。官式苏画起源清代早期，因题材选择是为皇家服务的，体现皇帝的尊严、皇权的威严，出现了一些以夔龙、夔凤为主题的图案，配以博古、写生画、人物画、花鸟画等活泼的纹饰。清中期官式苏画里的写生画，以工笔重彩为主，到了清晚期，写生画大部分为兼工代写的小写意，主体纹饰多以花卉组成的吉祥图案为主，其中又以牡丹花最多。牡丹花和玉兰、海棠寓意"玉棠富贵"；牡丹花和石榴寓意"富贵多子"；牡丹花和石榴、佛手、桃子寓意"富贵三多"；三多即多子、多福、多寿。石榴象征多子，佛手象征多福，桃子象征多寿。

4.1.5　牡丹与动植物

在中国，园林中动物应用是在中国传统哲学思想、宗教、风俗等长期作用下形成的，摆脱了功利显得更加写意。动物的象征性与园林结合，表现了人们的高雅情怀和远大志向，为中国园林增添了无穷魅力。

中国古代园林很早就注意了动态的生命变化之趣，讲求生态之美。士族文人将喜爱的动物放入牡丹花丛，既富于生活情趣又寄托自身的人格理想。绘画中牡丹花鸟画对这一情境多有描绘。如唐代边鸾的《牡丹孔雀图》，孔雀是凤凰原型，在牡丹旁眺望，构建花王与鸟王的主题，表达高远追求。还有《双鸽牡丹图》体现了闲适、恬淡的心境。《牡丹狸猫图》则寓意富贵高寿，富于生活情趣。

在古代很多诗作中，动物在园林中的应用被诗人观察记录并作为创作题材。宋陆游《牡丹》："蝶穿密叶常相失，蜂恋繁香不记归。"唐李咸用《远公亭牡丹》："蕊繁蚁脚黏不行，甜迷蜂醉飞无声。"徐凝《题开元寺牡丹》中也有："海燕解怜频睥睨，胡蜂未识更徘徊。"意为蚂蚁、蜂蝶、海燕等组成了鸟语花香、蜂蝶缠绕、生机勃勃的园林景象。

动物不仅在牡丹相关的书画文学作品中出现，牡丹的命名也与动物有着密切的联系。命名大致分为龙、凤、麒麟等想象出来的瑞兽寄托吉祥寓意的，花具有一些动物色彩或某些方面特征的或是动物相关传说故事等3类。例如：

乌龙捧盛、黑海金龙、赤龙焕彩、青龙卧墨池、青龙镇宝、乌龙耀金辉、青龙戏桃花、孔雀羽、凤舞红绫、紫凤朝阳、白凤亮翅、凤尾、凤雏、玉麒麟、红麒麟。

鹤顶红、白鹤、鹤白、鹤翎红、丹顶鹤、白鹤卧雪、鹤落鲜花、绿波浮鹤；白雁、雁落粉荷、紫雁夺珠、紫雁飞霜、紫雁披霜、沉鱼落雁。

海燕凌空、飞燕红妆、鹦鹉闹春、鹦鹉戏春、黄鹂、鸡爪红、杜鹃啼血、鸳鸯谱、火之鸟、初乌、白鹅、雏鹅黄。

红蝴蝶、彩蝶、紫蝶群舞、白蝶、绿蝴蝶、蝶舞、大蝴蝶、花蝴蝶、玉蝶托宝、彩蝶飞舞、奇蝶、绿蝶舞粉楼、紫蝶迎风、黑凤蝶、河州花蝶、银须玉蝶。

玉狮子、红狮子、狮子王、粉狮子、雪青狮子、翁狮子、象牙白；小刺猬、熊猫、月宫玉兔、玉兔、黑豹、银线吊金龟。

这些都是与动物相关的牡丹命名。可以说牡丹与动物相映成趣，是中国牡丹文化独特魅力的一抹亮彩。

在中国传统园林中，牡丹与芍药往往搭配其他植物，配以园林小品、建筑，以写意手法审美构图，突出其富贵气质。明代文震亨《长物志》云："牡丹为花王，芍药称花相，俱花中贵裔，栽植赏玩，不可涉酸气，用文石为栏，参差数级，依次列种，花时设宴，用木为架，张油幔于上，以蔽日色，夜则悬灯以照，忌二种并列，忌置木桶中。"

在寺庙等园林形式中，牡丹、芍药常与松、槐、榆等乔木配植，在一些文学作品中可见端倪。如唐代徐夤《牡丹花二首》中有："不随寒令同时放，倍种双松与辟邪。"唐代翁承赞《万寿寺牡丹》中也有："烂漫香风引贵游，高僧移步亦迟留。可怜殿角长松色，不得王孙一举头。"宋李格非《洛阳名园记》记载："阶下古松一、海榴一，台作半剑环，上下种牡丹、芍药、隔垣见石壁二松，亭亭天半。"清李斗《扬州画舫录》关于扬州禅智寺："左序通芍药圃，圃前有门，门内五槛。中有甬路，夹植槐榆。"

其次，在《南渡行宫记》《洛阳名园记》及清代陈淏子《花镜》记载中，牡丹也曾在皇家园林和私家园林中与梅、竹、桃李、桂花、垂丝海棠、玉兰、迎春、山茶、磐口腊梅、青白紫薇、香橼、千叶榴等灌木配置在一起。

牡丹也与一些草本、水生植物配置使用。元代耶律铸《天香台赋》中对牡丹配置植物也有以下描述："花雨漫天，金莲布地"，助云："牡丹诚独冠花品，以金莲罗列其下，尤风流可爱"；"辟芍药为近侍""池莲澹澹""篱菊亭亭""径植忘忧"等。

4.1.6 牡丹插花

我国是东方式插花艺术的起源国，其风格技法对近现代西方插花艺术产生了深远的影响。古代文人有君子四雅的说法。君子四雅指的是焚香、煮茶、挂画、插花。插花受儒家、道教、佛教思想影响，富有中国人特有的宇宙观和审美情趣，认为万物有灵性，因而常把花木根据其生活习性，赋予了人的感情和生命力。牡丹的"花王"之誉不仅仅是我国人民对牡丹外在美的推崇，更是对牡丹精神美的褒扬。而花木的精神美往往是其外在美的一种投射，比如牡丹花大、瓣重，则有豪气、豪情；色彩丰富、艳丽，则含喜讯、吉兆；芳香四溢，则呈布施之德；枝干遒劲，不会轻易随风摇曳，则透出高贵气质；守时而开，不会轻易变更花期，则尽显刚毅品格。那么在品赏牡丹的时候，也要兼顾其外在美和精神美。

早在三国蜀汉时期，张翊著有《花经》一卷。卷中将自然界中可用以插花的花卉七十一种按其品质高下仿照官秩等分为"九品九命"，其中一品九命：兰花、牡丹、虫葛(虫葛同蜡)梅、酴醿、紫风流(睡香异名)。牡丹被认为是品质高贵的插花材料之一。

在古代宫廷、佛事、民间都有其各异的牡丹插花风格。

4.1.6.1 宫廷插花

宫廷插花自汉代开始盛于唐代。艺术风格特点为高贵华美、丰满艳丽，规格盛大，富丽堂皇。使用花材名贵，花器精美，配件珍贵。

在插作时有严格的程序，从选用的花材、容器、配件到陈设的环境等都有严格的规定，充分显示出皇家豪门的权势、富有与威严。

牡丹到唐代已成为宫廷插花的重要材料，被广泛应用于宫廷插花。 宫中举行牡丹插花盛会，有严格的程序和豪华的排场。正如罗虬在我国最早的插花专著《花九锡》中说："重顶幄(障风)、金错刀(剪截)、甘泉(漫)、玉缸(贮)、雕文台座(安置)、画图、翻曲、美醽(欣赏)、新诗(咏)。"将牡丹宫廷插花的九个程序，名曰"九锡"，视为至高无上、不容擅动的庄严仪式，就像帝王赐给有大功或有权势的诸侯大臣的九件器物一样。对插花放置的场所、剪截工具、供养的水质、几架以及挂画都有严格的规定，并作画、咏诗、赋歌、谱曲，再饮以香醇的美酒方能尽兴，进行视觉、听觉、嗅觉等多层次的艺术欣赏。

宋代宫廷插花有别于唐代。周密在《武林旧事》卷二中，详记南宋宫中插花之盛："……至于钟美堂赏大花(牡丹)

为极盛。堂内左右各列三层雕花彩栏，护以彩色牡丹画衣，间列碾玉、水晶、金壶及大食玻璃、宫窑等瓶，各簪奇品，如姚魏、御衣黄、照殿红之类几千朵，别以银箔间贴大斛，分种数千窠，分列四面。至于梁栋窗户间，亦以湘筒贮花，鳞次簇插、何翅万朵。"卷七又记皇帝与太上皇、太后游乐聚景园、饮酒观歌舞后，"遂至锦壁堂大花(牡丹)。三面漫坡，牡丹约千余丛，各有牙牌金字，上张大样碧油绢幕；又别剪好色样一千朵，安顿花架，并水晶、玻璃、天青、汝窑、金瓶；约高二尺，径二尺三寸，独插照殿红十五枝。"另《西湖志余》载有淳熙六年太上圣寿时插花情形："采(牡丹)数千朵，插水晶玻璃、天青、汝窑、铜瓶中。""又独设沉香桌、列白玉碾花商尊，高三尺，径一尺三寸，上插照殿红十五枝。"规模极其宏大。

宫廷插花对花材之搭配十分考究，花材搭配，常以花材品格高下以定取舍。罗虬认为与牡丹相配的花材，"须兰、蕙、梅、莲辈乃可披襟"；"若芙蓉、踯躅、望仙、山木、野草，直唯阿耳"，根本不适合作配材。宋代插花受当时伦理观影响，尊儒家理学法则，将一件插花作品寓为一个社会秩序，丘璿《牡丹荣辱志》记载最为精辟完整。配材方法分直系配材方法与旁系配材方法。

直系配材法：王—姚黄，妃—魏红，九嫔—牛黄、细叶寿安、九蕊真珠、鹤翎红、红、潜溪绯、添色红、莲叶九蕊，世妇—鹿叶寿安、甘草黄、一捻红、例晕檀心、丹州红、一百五、鹿胎、鞍子红、多叶红、献来红，御妻—玉版白、多叶紫、叶底紫、左紫、添色紫、红莲紫萼、延州红、骆驼红、紫莲萼、苏州花、常州花、润州花、金陆花、钱塘花、越州花、青州花、密州花、和州花。

旁系配材法：依师傅、彤史、命妇、嬖、近属、蔬属、戚里、外屏、宫闱、从陲等十种亲友关系，择取140种杂花异草，按品第高低作外部之安排。

如，绘番莲双耳龙泉瓶，下身护以剔犀瓶架，其上插双色牡丹分别代表王与后，另配绯桃及醾，分别象征师傅及近属，花与器高之比例为八比五，枝条清明，构成宋代理念花之完美世界。

明代屠本畯《瓶史月表》中，将花材搭配加以简化，分花盟主(主枝)、花客卿(客枝)、花使令(使枝)，将牡丹列为三月花盟主，花客卿为川鹃、梨、木香、紫荆，花使令为木笔、蔷薇、丁香等。袁宏道的《瓶史》中也有关于牡丹配花的原则。

4.1.6.2 佛事插花

中国传统插花艺术起源于佛前供花。佛经上记载了许多天王持花、天女散花来供养佛陀的事迹。中国古代祭祀多以三牲、酒及其他食物为主，极少使用鲜花供奉。印度佛教的传入，将"花供"的习俗带入了中国。早在南北朝时期，宫廷中便已流行以花供佛。佛教的中国化与世俗化，按照中国人的传统观念，牡丹象征富贵、吉祥的寓意不仅应用在中国传统插花花艺中，也广泛应用在供佛插花花艺中。自唐代始，牡丹逐渐应用于佛事插花中，且形成两种不同的风格。在花材的选择上，佛前的"清供"用于佛教仪式与佛前供奉(几案中间设香炉、香炉，两旁各对称放置香花与烛台，称为五供)的花。 为了体现佛教的庄严与光明，表现佛教净土极乐世界的境界，一般主要选择花色富丽、花形端严、清香怡人的时令鲜花作为焦点花，如莲花、牡丹、百合等；花器也较华美、醒目，花枝多严谨对称。配以佛画、法器(金刚杵、如意、八宝)等。 这在历代佛教绘画中均可看到。如唐代《陀罗尼经咒绢画》中绘菩萨像及礼拜之人以及成对摆放的宝瓶，瓶上系丝带，瓶中插满盛开的花。故宫博物院内保存的元代山西稷山县兴化寺内一壁画《七佛说法图》中，绘庄严说法情景：七位佛前，便设皿花，皿中盛大朵牡丹，下承莲座，佛边有珊瑚枝、灵芝等宝物。四川省博物馆藏有宋代《柳枝观音图》，绘美丽的观音闲坐，手执柳枝，旁边有一只大花盆，盆中插放大朵牡丹，山茶和萱草相衬于一旁。明代法海寺壁画中天女捧皿花，皿中插牡丹，一旁天女手捧寿石，象征富足、长寿。

另一种形式则是禅室插花，为佛家禅僧日常起居处陈设之花，表达空寂、绝尘、无我、纯净、慈悲的境界。用花量极少，正所谓一花一世界，一叶一菩提。 主要选用色彩淡雅、形态精巧、花香若有若无的四时鲜花，如山茶、兰花、小菊等，以空、寂、清、净为特点。花器以肃静、古朴的竹、木、陶、瓷、古铜等为佳，配以佛珠、拂尘等。如唐代卢楞迦绘《六尊者图》中，绘一罗汉旁，置一竹制花几，上有花缸插大小两朵牡丹，花色纯白清洁，于寂然中体悟禅意。再如《芥子园画谱》之《人物》集中，绘释迦牟尼佛、马鸣尊者两幅，均以小瓶中插牡丹，配以香炉，放于几上，花仅一朵，却衬托出空寂、超然的禅心。

4.1.6.3 民间插花

民间插花历史悠久，自唐以后随着经济的发展而得以普及，在宋代称为生活四艺之一，说明插花已深深地渗透于民众的日常生活之中。

自唐代起，牡丹不仅为帝王、士大夫所欣赏，也逐渐遍及寺庙道观，为平民阶层接受，赏牡丹花成为国都长安的盛大活动。每当牡丹花期，"花开花落二十日，一城之人皆若狂。"正如白居易在《买花》一诗中描述的那样，"帝城春欲暮，喧喧车马度。共道牡丹时，相随买花去。贵贱无常价，酬值看花数。灼灼百朵红，戋戋五束素。……家家习为俗，人人迷不悟。"人们竞相赏牡丹、买牡丹、插牡丹，成为时尚。宋代，由于园艺的发达，牡丹栽培与欣赏又出现高潮。正如北宋文学家欧阳修在《洛阳牡丹记》中所述："洛阳之俗，大抵好花，春时，城中无贵贱皆插花。"这里的"花"指的就是牡丹。每到牡丹开花时，即举行盛大的花会。如苏轼《牡丹记叙》写他在杭州观赏牡丹的情景：园中花千本，上百个品种，酒酣乐作，州人以金盘与彩篮盛着鲜艳牡丹，献于座上；座上诸人及仆人小官吏均于冠上簪花。观众达几万人，气氛极为热烈。

明清时，民间插花更为普及，且与民俗结合更加紧密，注重将花材寓意应用于插花之中，在选用花材时强调"材必有意，意必吉祥"，因此盛行将牡丹与其他花材相组合以表达美好的愿望。

民间插花取材广泛，少则三四种，多则十余种，喜色彩艳丽缤纷，寓意吉祥。花器质地、文饰等富于变化，配合其他配饰如对联、结饰等，多与民俗相结合，用于节庆、祭奠、祈福等场合，具有朴实纯真、简洁明快与喜庆热闹的风格。

明代的文人不但赏花、插花，而且有不少插花著作，其中开风气之先的是高濂的《瓶花三说》，而最为人所称道的是张谦德的《瓶花谱》与袁宏道的《瓶史》，二书甚至被誉为中国插花典籍中的双璧。明人张谦德著《瓶花谱》，将花按照品级分为九品九命曰："《花经》九命升降，吾家先哲所制，可谓缩万象于笔端，实幻境于片楮矣今谱瓶花，例当列品，录其入供者，得数十种，亦以九品九命次第之。"

在其《瓶花谱》中花材重新分九品九命，其中一品九命：兰，牡丹，梅，蜡梅，各色细叶菊，水仙，滇茶，瑞香，菖阳。

在牡丹的插花艺术创作中更要把握作品形式美与意境美相结合的原则，发挥牡丹形神俱佳的优势，崇尚自然，讲究意境，巧妙构思，合理立意，慎重搭配容器和花材，创造出能够充分展现牡丹精神风貌的插花作品。以自然式的线条型为主。线的表现力极为丰富，不同的线条表现不同的形态。

牡丹插花所用花器较一般插花讲究些。用精美的花器来衬托牡丹的富贵、雍容。花材与花器的比例要适宜。在构图上，必须掌握插花的配置，即高低错落、疏密有致、虚实结合、仰俯呼应、上轻下重、上散下聚等。如上轻下重，即花苞在上，盛花在下；浅色在上、深色在下；大花在下，小花在上。可采用L形、圆形、放射形、S形插花构图。在色彩的配置上，要有一个主色调，色彩不宜过杂。选用相近的颜色，注重调和色的配置。配置对比色时，要用中性色进行调和。另外，还要注意色彩的感情效果、对大自然联想的精神因素，以及民族传统习惯等因素。插花时，尽可能用单数，主次分明。传统插花的精要在于花不在多、少而精，以姿韵取胜。

4.1.7 牡丹与花事活动

牡丹因具有多种象征意义而被大众广泛接受，并逐步发展形成各种花事活动。

牡丹在民间常被作为爱情意象的代表。有关牡丹的文字记载最早出现在《诗经》中，其用途是作为民间男女之间的爱情信物，在《诗经·郑风·溱洧》中写道："溱与洧，浏其清矣。士与女,殷其盈矣。女曰:'观乎?'士曰'既且。''且往观乎!'洧之外,洵訏且乐。维士与女,伊其将谑,赠之以芍药。"对《溱洧》篇中的风俗记载,历代文人都有所解释,现今最为公认的是宋·朱熹的解释:"芍药,亦香草也,三月开花,芳色可爱。郑风之俗,三月上巳之辰。……于是士女相遇戏谑,且以芍药相赠,而结恩情之后也"。秦朝以前均将芍药、牡丹称为芍药,秦朝以后才将木本芍药称为牡丹,草本芍药称为芍药,牡丹在农历三月开花,芍药在农历四月开花。郑国当时为河南新郑地区,再根据朱熹的解释,就让人们看到了在农历上巳上旬巳日节中,青年男女一起游春的动人场面,而在此风俗中,男女赠花习俗里所说的芍药应为牡丹。在上巳节里,青年男女有借此机会赠送牡丹花以表达爱慕之情的节日习俗。此外,牡丹因其花瓣、花朵众多,可多次分根繁殖,符合中国古代多子多福的传统理念,因此也被民间视为求子崇拜物。

唐初的盛世发展,也使得牡丹在民间逐步兴盛起来。"开元时,宫中及民间竞尚牡丹。到宋朝,牡丹花事活动也随政治经济的兴盛而兴盛。《墨庄漫录》载,"西京洛阳牡丹闻于天下。每年牡丹花盛时,太守都要举办"万花会",在百官、名流饮宴、赏花、集会的地方,以牡丹花为屏帐,至于梁、栋、柱、拱,悉以竹筒贮水,把簪满各色牡丹花钉挂起来,人们所到之处举目皆花"。欧阳修的《洛阳牡丹记》也记载有"洛阳之俗,大抵好花。春时,城中无贵贱皆插花,虽负担者亦然。花开时,士庶竞为遨游。往往于古寺废宅有池台处为市井……笙歌之声相闻。最盛于月破堤,张家园……长寿寺东街与郭令宅,指花落乃罢……",这一描写生动地说明在当时,每逢牡丹花期,人们就会相邀赏牡丹,以遗废池台为中心开展花市的歌舞或买卖活动。这说明了花会的各种习俗已经深入民心。《童蒙训》记述了办牡丹会的情形。人们不分贵贱不分男女皆在头上插上牡丹，说明当时对牡丹的喜爱已经演变成为一种自然的妆俗，就像人们在重阳节插茱萸、端午节插艾草一样。

福建晋江安海亦流传"四季花神"的民间舞蹈，传说是为王母娘娘贺寿。"四季花神"舞蹈的演员共八人，都装扮成仙女模样，服装还披着飘带。演员各人手中托红盘，盘中装四季花名，如牡丹、莲花、菊花、梅花等。表演时八人排二横排，队形前后或左右二人交叉绕圈，双手由托盘高举至胸前绕圈，反复进行……

明代开始，西北河湟每年举行"花儿"会，唱词中以《西北花儿精选》歌谣文本资料为例，书中共收集了640首"花儿"唱词，出现在唱词里的各种花儿174次，而其中牡丹为74次，占花类总数的42%。

除了花会，牡丹在中唐时期被当作斗富的工具。以牡丹斗富通过斗草赌胜游戏实现。六朝时期，斗草游戏就已在民间流行起来。春季尤其是端午节时，人们以斗草为戏。一种方式是比草茎的韧性，两根草茎交叉，两人各持一端向后拉扯，断者为负；另一种则是比较谁的花草种类更多，更珍奇。唐代赏花习俗兴起后，第二种斗草方式更加盛行。《开元天宝遗事》关于"斗花"有云："长安王士安，春时斗花，戴插以奇花多者为胜，皆用千金市名花植于庭苑中，以备春时之斗也。"斗草游戏不仅为了炫富，赌注亦可观。《题妓王福娘墙》诗中有云："移壁回窗费几朝，指镮偷解博红椒。无端斗草输邻女，更被拈将玉步摇。"民间不论男女均会参与牡丹斗草之戏，且赌注不小，促使牡丹价格飞涨。

4.1.8 牡丹与口传民俗

牡丹有着各种各样的文化传说，2011年5月23日，牡丹传说经国务院批准被列入第三批国家级非物质文化遗产名录。这些口传民俗是民间流传的各种有关牡丹的传说故事，牡丹被人们倾注了真挚的感情，塑造出不畏强权的英雄品质，并赋予其忠于爱情、重于恩义、勇敢聪明的优秀品质。从《镜花缘》中的《武后贬牡丹》，《聊斋志异》中的《葛巾》《香玉》《灌园叟晚逢仙女》等传说故事和文学作品中均可见端倪。

从先秦至清代，有关牡丹的文学作品不计其数。历史上比较公认的牡丹文化发展高峰是在唐宋两朝。在我国文学发展历史上，民间文学与作家文学始终保持着多方面的密切关系，文人作家采集和编纂民间创作，他们在自己的创作中也常常运用民间文学的题材和形式，因此一些民俗可以从文学作品中找到佐证。

唐代时，以牡丹赌斗之风兴盛，牡丹因其美丽难免被豪绅强抢豪夺，仓促移植没有被精心看护，牡丹往往会萎蔫，而回到花农手中经一段时间的精心看护后会重新焕发生机。这一特色给拥有它的穷苦百姓在心理上形成一种安慰，好像牡丹虽然会被抢去到了富贵之处，但并不贪图富贵反而渐衰，待回到自己的穷窝时便又会重现光彩。这种生长习性与民间的俗语"儿不嫌母丑，狗不嫌家贫"较为贴近。牡丹被塑造成为一个不慕荣华，只恋旧主的忠诚之人。牡丹忠诚的认知在中国四大传说之一的《梁祝》中也有体现。《梁祝》其中有这样一个情节，是说祝英台在女扮男装出外求学之前种下了一株牡丹，并向父亲和嫂嫂说明，自己会忠于保持女子贞洁的誓言。若是违反，牡丹花便会枯萎。祝英台走后，她的嫂嫂为了败坏她的名誉，就偷偷地给花浇开水，谁知此花未枯反而开得更加鲜艳。在此情节中,这株牡丹和祝英台忠于自身贞洁的精神气质是息息相通的。牡丹忠于祝英台而不妥协于恶势力,同时,牡丹经过开水浇灌之后还能够花开娇艳的现象又是祝英台自身忠于贞洁的代表。这种双重忠诚意象表现的落脚点都是牡丹,因此说牡丹文化中含有忠诚意象的说法已经得到老百姓的承认。

牡丹还有一种生长习性,在民间叫做"舍命不舍花",是说牡丹如果在春季开花期前被仓促移植,或者是因天气变化和土壤变化而不能满足其正常生长的养料需求,牡丹会先把全部营养集中送到开在土壤上部的花朵,哪怕自己的根部已经没有营养濒临死亡,也要保证最后一朵花能够绽放。牡丹为了自己的存在意义宁可舍弃生命的生长习性,被人们人格化成为完成任务不畏牺牲的勇敢精神。

在民间传说牡丹寓意幸福、兴盛、长寿。牡丹色彩艳丽,花朵端庄大气,硕大花朵满足农人对丰收的期盼,符合古代民间审美要求,从牡丹的兴盛可以看到国家的兴盛。在民间,牡丹的存在必然是依托着一种政治经济都较稳定的社会背景,所以可以说牡丹是国家富强的一种代表。牡丹的寿命很长,在民间有"长寿花"的俗称。在百姓心中,牡丹是富贵吉祥、健康长寿的代表。

4.1.8.1 牡丹品种传说

(1) 首案红

> 暮色虽已晚,为霞尚满天。
> 枝粗叶显壮,花阔蕊呈繁。
> 日晒根尤紫,风吹品自鲜。
> 年年思案红,天下一从宽。

"首案红"是牡丹传统品种。传说中，牡丹仙子为人间造牡丹，画了99种仍不满意，想画一种新品种凑齐百种。但新品种画成时，不小心将紫红色彩墨滴到了牡丹根部。仙子想了想，干脆就把这花变成紫根牡丹吧。她将画稿给了洛阳花工王首案。王首案精心培育，真的种出了开紫红色花、长紫根的牡丹，人称"首案红"。

(2) 胡红

> 暮春凝艳妆，款步出椒房。
> 楼榭望情远，丝绦着意长。
> 红云迷杏眼，绿雨润薄裳。
> 端丽赋名品，无言自溢香。

古时候，洛南有户姓胡的人家，家中有个独女叫胡红。胡红长得秀气，且心地善良，非常能干。

这天，她身体不适，却瞒了家人照常到村外去挑水。谁知她挑起一担水觉得腿打颤，怎么也挑不动。这时有位过路的小伙儿见了，连忙上前帮忙把水挑回她家。小伙挑完了水，正要走，胡红做了一碗荷包蛋感谢他。一来二去，两人相爱了。双方的父母就为他们定亲。不久，男方选了个良辰吉日，便让人抬着花轿来迎娶胡红。胡红梳洗打扮后，见父母给她的嫁妆装了满满两箱子，她一件东西也不要，只要门前花圃中的一株牡丹作嫁妆。

胡红的父母知道这株牡丹是女儿三年前上山打柴从野外挖来的。为养好这株牡丹，胡红尽心尽力，花费了很大心血。每年春末，这株牡丹开花粉白粉白的，好看极了。怪不得胡红出嫁，非要这株牡丹作嫁妆不可。

胡红的丈夫是个牡丹世家，祖辈都种植牡丹。他想着胡红的牡丹一定是个新品种，就乐意要它当嫁妆。

花轿临门，男家见亲家陪送了一株牡丹，当即就把那株牡丹栽到他们的牡丹园中。婚后，夫妻二人相亲相爱，如胶似漆。几个月过去了，已到了牡丹花开的季节，小伙子领着胡红和全家人去赏牡丹。胡红原以为她的嫁妆牡丹一定能压倒群芳。谁知到花园一看，夫家养的牡丹随便哪一种都比那棵嫁妆牡丹好看。胡红羞得无地自容，伤心地哭起来。

到了夜晚，胡红想着嫁妆牡丹的事，久久辗转难眠。到了半夜，突然花园里传来悠扬悦耳的琴声，她感到惊奇，忙推醒丈夫，二人穿衣向花园走去。

在明月的映照下，他们刚进花园，就见胡红的嫁妆牡丹旁，围了许多男女围着嫁妆牡丹翩翩起舞，一边唱起了一支歌：

陪嫁牡丹古有谁？　洛阳婵娟第一人，
仙助花红众芳妒，　绿蝶入蕊倍超群。

随着歌声，几位歌女将手中的红手帕盖到嫁妆牡丹的花朵上，使粉白花朵一下变成了桃红色。其中一歌女将一只绿蝴蝶轻轻地放到了花心上。

小伙子和胡红惊异地发现嫁妆牡丹变成了另一种牡丹。第二天，花童全家的人听说夜间出现的事情，纷纷到花园观看，只见那棵嫁妆牡丹的花朵起了楼子。外边的大瓣围着一层层重叠的小瓣，如同花叶抱珠似的。花心有束绿瓣，正像一只绿色的蝴蝶。众人见它与别的牡丹不同，都说胡红的行为感动了花神，才使她的牡丹换了新的模样。后来人们就给它取名叫做"胡红"。

(3) 姚黄和魏紫之一

如果说牡丹是花中之王，那么，姚黄和魏紫便可称"牡丹之冠"。关于这两种名贵牡丹的来历，在洛阳民间还流传着一个十分美妙动人的传奇故事。

宋朝的时候，邙山脚下有个叫黄喜的穷孩子与母亲相依为命。黄喜忠厚善良，穷人孩子早当家，他很小就以上山砍柴养家。每天才拂晓，黄喜便将母亲为他张罗好的干粮袋往扁担上一挂，然后手提柴刀告别母亲上山砍柴去了。

在上山必经的山坡路上有个没有人知道来历的石人。离石人不远，有一眼山泉，常年不竭，清冽甘醇，黄喜上下山时，经常在这里解渴、洗涤。山泉旁边长着一棵绽放紫花的牡丹。与每天一样，黄喜总是早晨第一个来到这里，然后他不失童趣地从扁担上取下干粮袋，往石人颈脖上一挂，说："石人哥，吃馍吧！"接着，他又走到山泉旁边，捧起几捧泉水浇在紫牡丹根部，说："牡丹姐，喝水吧！"之后，黄喜才上山去砍柴。

年复一年，黄喜已长成了一个健壮英俊、勤劳朴实，心地善良的大小伙子。这一天，他又像往常一样砍完柴，跟石人打过招呼，又给牡丹浇过水后挑起柴担下山去。这天黄喜砍的柴特别多，走了没多久，他感到有点累，便傍着山用根木叉支起柴担歇息一会。这时，一名姑娘从山上走下来，竟主动地提出要帮他挑柴。这下搞得黄喜很不好意思，连连摆手不同意。姑娘见他窘成这样，不禁笑了起来，接着不由分说，便上前把柴担抢了过来，挑起来就往山下走去。黄喜在后面徒步追怎么也追不上。姑娘一口气将柴挑到了黄喜家。黄喜母亲见到儿子领回一个美貌的姑娘，心里高兴，她连忙把姑娘让进屋里，又是让座，又是倒茶。但这姑娘就像来到自己家一样，袖子一卷，就下厨房，帮老人做饭，什么活都干，一刻也不闲，把黄喜娘弄得欢喜极了。

饭后，黄喜去集市卖柴。黄喜母亲就拉着姑娘的手说起家常来。姑娘说她名叫紫姑，就住在邙山上，父母俱亡，家中只有她一人。听了这些，老人就更想要她做媳妇了。她将这心愿对姑娘一说，姑娘也就羞答答地同意了。从此，紫姑就在黄喜家住了下来。紫姑心灵手巧，做得一手好针线，她绣的牡丹活灵活现，像真的一样。黄喜上街卖柴也顺便带点牡丹花刺绣去卖，总是一下子就被人买去。这样过了一阵子，家境就逐渐好了起来。于是，黄喜母亲就催他俩早日成婚。但紫姑却说要等到她在黄喜家满了一百天，再正式结婚。

　　原来，紫姑原身是山泉边那株紫牡丹，她有一颗宝珠，整天都含在嘴里，否则就不能正式成为凡人。这颗宝珠自她来黄喜家，她就与黄喜轮流含，还一再嘱咐黄喜只可含着，不能咽下，否则，两人就不能结为夫妇。黄喜问紫姑这珠子有何妙用，紫姑说能提神强身，砍柴、挑担就会不感到饥饿和劳累。黄喜试验一下，果然担更多的柴也很轻松。他认定是颗宝珠，每天都记得要含，而且还在心里默记着天数，一待含够一百天，便好与紫姑成亲了。

　　时间日复一日过去了，黄喜含珠已９９天，再过一天就期满了。这使他兴奋不已，满怀喜悦地期待着第二天的到来。

　　第二天，黄喜仍与往常一样上山砍柴。他喜不自胜地告诉石人第二天他就要与紫姑成亲了。说完，他又来到泉水边，想把这喜讯也告诉那株紫牡丹听，却想起自从与紫姑相识后，他就再没在这山泉边见到那株紫牡丹，不禁脱口问石人知道不知道那棵牡丹究竟给谁挖走了？没想到他这一问后，石人居然说那株紫牡丹就在黄喜家里。

　　黄喜因石人说话大吃一惊。石人告诉他，那个紫姑就是紫牡丹变的花妖精，要黄喜含珠子是要吸干他身上的精血元气。这是最后一天，第二天黄喜就会没命了。

对石人的话，黄喜不大相信。他觉得紫姑不会害他，但他又想到那株突然失踪的紫牡丹，心中害怕，再三追问石人说的话是不是事实，石人一口咬定是事实，并对黄喜说："只要你把那颗珠子吞下去就能活命。"

黄喜老实，信以为真。一到家，紫姑又要他含珠子，他就不管三七二十一将珠子咽下去了。紫姑一见，脸色立刻就变了，人也差一点晕倒。黄喜娘连忙搀扶住她，并连声追问儿子这是怎么回事？黄喜是个孝子，也从来不知道说谎话，他便将石人不久前讲的话一五一十地全说了出来。

听明原委，紫姑明白黄喜上了石人的当。于是，紫姑一边哭，一边讲真情。原来，石人是个石头精，它见紫姑貌美，便起意霸占她为妻。紫姑不从，石人仍死死纠缠她，但因紫姑有那颗宝珠增加法力护身，故石人只得无可奈何。而且，只要紫姑、黄喜含这颗宝珠满了百天，结为夫妇，那石人就更无计可施了。但现在黄喜已将宝珠咽下了肚，不仅紫姑失去了护身之宝，而且黄喜也将死去，这样，石人就可施妖法胁迫紫姑从他了。

听到此话，黄喜后悔不已，满腔的悲愤促使他要找石人去拼命。紫姑便指点他带上利斧去，要一下将石人头劈开，再将头中一部无字天书取出抛向空中。天神就会惩罚石人。

于是，黄喜马上提斧上山。到了石人那儿，他用尽全身力气朝石人头上劈去。劈开后的头中果然有本无字天书，黄喜取出书就用力朝天上抛去，顷刻间，头顶就出现一道闪光，接着一声霹雳，将石人击得粉身碎骨，七零八落。

这时，黄喜肚中的那颗珠子开始作怪了，烧得他心里十分难受，就像一团火焰要从他咽喉中冒出来。他赶忙喝了几大捧山泉，但仍烧得难受，无奈，他只得纵身跳入泉水中。没想到他只在水面上打了个旋，便立刻被水吞没了。

不一会，紫姑也从山下跌跌撞撞地赶来了。她一见黄喜已投身山泉，便也跟着跳了进去。

后来，这山泉旁边突然长出了两株奇异的牡丹，一株开黄花，一株开紫花，争奇斗艳，相互辉映，人们闻知后，都纷纷上山来欣赏，都说这是黄喜和紫姑的化身。

不知过了多久，这山泉边的两株牡丹分别移植到了洛阳城里姚家和魏家的花园里，从那以后，人们便管姚家的黄牡丹叫"姚黄"，而将魏家的紫牡丹叫"魏紫"。

(4) 魏紫之二

明代，曹州牡丹已名震京城。

传说，一年谷雨过后，明朝皇帝朱元璋带着军师刘伯温及一班文武大臣来曹州观花。他们一行人来到曹州一处牡丹园，立刻被眼前的景象惊呆了。牡丹园内，各种牡丹争奇斗艳，香气袭人，远远胜过皇家御花园。朱元璋决不允许百姓胜过皇家。于是，立刻下了一道圣旨：要把园内的所有牡丹移入御花园。

刘伯温看出此处牡丹园如此繁盛的门道。于是，他走到朱元璋前小声嘀咕了几句。朱元璋急忙下令：其他牡丹不要挖了，只挖看园人赵义门前的一株。花农们大喜。赵义平素最喜欢的就是这一株牡丹，但想到可以保住其他花农们的牡丹，只好忍痛割爱了。唯有赵义的妻子魏花痛哭不止。赵义不明究竟，急忙追问。魏花痛苦万分，只得吐露了实情："事到如今，我不能不告诉你了。我本是牡丹花仙，看你勤劳善良，便和你结为夫妻。没想到被刘伯温看出。我只好把腹中六个月的婴儿，留在根下了……"说罢，一阵风起，魏花不见去向。朱元璋此时已乘上车辇，带走了牡丹。

赵义才知道妻子是牡丹花仙，想到夫妻平日恩爱之情，不胜悲伤，倒在门前花坛之内，哭得死去活来。第二年春天，在赵义门前的牡丹花坛里，长出了一棵紫牡丹，馥香浓郁。村民们知道这是魏花的孩子，便取名"魏紫"（谐音：子）。

(5) 蓝田玉

纯粹意义上的蓝色牡丹是不存在的，蓝色系牡丹指的就是粉蓝色或蓝紫色的牡丹。蓝田玉牡丹，花呈粉蓝色，高贵典雅，恰似蓝田美玉透出的光华，便以蓝田玉为其命名，可谓名花美玉，相得益彰。

关于蓝田玉牡丹，有一个花匠与牡丹仙子的传说。

相传，曹州牡丹乡万花村，有很多人以养花卖花为生。万花村南有个不小的花园，柴门篱笆，十分幽雅。看园人名春宝，年方十八。自小父母因病双亡，跟着祖父生活。小春宝勤劳好学，人见人爱。但不幸的是，祖父在他刚刚成人之后就撒手而去。春宝感到十分悲伤。每当月儿高悬，夜风吹拂，他便吹起祖父留下的竹笛以寄托自己的哀思。

这一天，春宝思念祖父，又吹起了竹笛。万花村的上空，又飘荡起他那悠扬悦耳的笛声，听了让人感到有一种说不出的韵味儿。不知什么时候，下起雨来。他把板凳往屋里挪了挪，望着门外那细雨蒙蒙的夜色，沉入对祖父的深深思念中。忽然，一个人跌跌撞撞地从外面跑来，没等春宝开口，那人先说话了："对不起，打扰您了，让俺在这儿避避雨好吗？"听声音是个女子，春宝赶忙点上了灯。灯光下，春宝见这个姑娘，长得眉清目秀，落落动人。一时之间他不知说什么好。心想，外面雨这么大，一个女子前来求助，不能不答应，可房子这么小，留下她怎么办呢?姑娘见他没有说话，怕他为难要走。春宝连忙留下姑娘躲雨，对姑娘说："你先在屋里暖和暖和，我到园里看花去。"拿起挂在墙上的蓑衣出了门，把姑娘一个人留在了屋里。春宝披着蓑衣在园里转了一会，见雨丝毫没有停下的意思。他在园里走来走去，不知不觉地走到屋门前，见屋门已经关上了。他正要上前叩门，又觉得不妥，于是严守礼节地倚在屋檐下的屋门站了一夜。天快亮时，雨停了。姑娘走出来，见春宝披着蓑衣，满脸疲惫，十分不安，说道："打扰您了，真是过意不去。改日我一定再来致谢。"春宝连连说："不，不用"。看着姑娘渐渐远去的背影，春宝有些怅然若失。

　　三天后，一个月明之夜，春宝又吹起竹笛。不知吹了多少时候，忽然听到身后有人跟他说话。春宝觉得耳熟，回头一看，果然是那天来避雨的姑娘。姑娘手中提着个竹篮，给春宝带来一些香喷喷的饭菜，又拿出一双崭新的布鞋。春宝很是感动。二人仿佛老友，在月下花丛旁畅谈起来。两颗心越贴越近，不愿分离。不觉天要亮，姑娘不得已，只好起身告辞。临时走，姑娘对春宝说："我住在村南篱笆园，姓蓝。天明你去我家，对上这只簪，咱们就结成夫妻。"说罢，从头上拔下一只金光灿灿的玉簪，送给春宝，飘然而去。天亮了，春宝回味着姑娘说的话，不停地念叨着村南、篱笆园……他忽有所悟，忙向园中的牡丹花丛走去。但见棵棵牡丹上朝露滚动，唯有一棵品种名为蓝田玉的牡丹，浑身干松松的，不曾沾一滴露水。春宝想到姑娘姓蓝，猜蓝姑娘一定是牡丹仙子。又一想，这蓝姑娘在屋里呆了一整夜，自然没有露水。拨开花蕊，一看竟少了一根。他拿出姑娘给他的玉簪往上一对，那棵牡丹霎时变成了昨夜的蓝姑娘。春宝又惊又喜："蓝姑娘！蓝田玉，我可找到你了！"蓝姑娘也说："我能找到你这样勤劳聪明的后生，也算是终身有靠了。"从此，他们二人结为夫妻。夫妻俩相敬相爱，日子过得和和美美。

(6) 花二乔

在曹州牡丹园里，有一种叫"花二乔"的牡丹，花朵有两种颜色，鲜艳美丽，很受游人喜爱。

相传很久前，曹州有一对同胞姐妹，叫大乔和小乔。俩人形影不离，相亲相爱。她们俩都非常喜爱牡丹，一有空就跑到牡丹园里，为牡丹松土、施肥、浇水。

当姐妹俩长到十八岁那年的一天，突然从北方飞来一条凶猛的大黑龙。它在牡丹园上空盘旋翻滚。顿时，牡丹园上空黑云密布，黑龙打了个震耳的喷嚏，紧接着，天上便开始下起雨来。雨虽不算大，但雨水却是黑色的，黑水落到牡丹上，牡丹花便枯萎了。

一个时辰后，黑龙飞走了，雨过天晴。以牡丹为生的乡邻欲哭无泪，所有的牡丹都枯萎了。

这时，从西边的天空飘来朵白云。一位白发银须的仙翁指点大家说："要救牡丹，只有杀死黑龙，把它的血滴在牡丹花上，牡丹才能复活。记住，被黑水淋过的牡丹只能活七天。"连黑龙住的地方都不知道，如何能杀死黑龙？乡亲们再次陷入无望中。大乔、小乔挺身而出要去杀黑龙，人们又没有其他好办法，只好看姐妹俩的了。

连续六天，姐妹俩关在屋里没动静。第七天早上，枯萎的牡丹园里突然出现了999朵盛开的牡丹花。到中午，牡丹园上空又开始乌云滚滚，那条大黑龙又来了。它看到地上还有一大片牡丹没枯死，便又落起黑雨来。奇怪的是，这些牡丹花淋着黑水却一点也不枯萎。黑龙诧异，便落下去看个究竟。当它落到离地面还有五尺高时，躲在牡丹叶下的大乔、小乔使出全身力气用剑猛地刺向黑龙的眼睛。黑龙双眼被刺瞎，姐妹俩毫不畏惧地与瞎了眼的黑龙搏斗起来。直斗了三个时辰，姐妹俩才把黑龙杀死，说道："这下牡丹有救了。"说完就累死在黑龙旁边。

原来，这999朵牡丹是姐妹俩花了六天六夜时间用纸扎成的。她们知道，黑龙第七天一定会来的，便趴在牡丹下袭击黑龙。

听到了动静的人们看到死在地上的大乔、小乔，都心痛地哭了。人们把两姐妹合葬在了牡丹园里，将黑龙的血抽出来，逐个浸在即将枯死的牡丹身上。不一会牡丹都复活了，恢复了往日的美丽和芬芳。

第二年春，在姐妹俩的坟上长出一棵牡丹。到谷雨时分，那棵牡丹开花了。一朵花却有两种颜色，人们都说这是姐妹俩的化身，便把这种牡丹叫做"花二乔"。

(7) 葛巾紫和玉版

在曹州，人们把牡丹叫花子。相传洛阳邙山上有两棵好花子，一棵白的，一棵紫的。每年到了谷雨季节，就见山顶上这两棵花子有丈多高，开得娇艳，花大如盘，连那山头也被衬得光彩明亮，花子的枝叶全看得清楚。可是到了跟前，花影也看不到一点。

有一年谷雨前，花子化成了两个仙女。白牡丹和紫牡丹说在山上待得憋闷，相约一起出去游逛。姊妹二人飞到了曹州上空，喜爱赵楼村的花园，就在这里住下了。姊妹俩不光喜欢园里的好花，也爱上了曹州一带的风景，常常到外面去游逛。

有一天夜里，姊妹二人聊起家常，觉得曹州景好地好，想在此地留下根芽，又怕娇嫩根芽受不了千灾万难，约定考察一下曹州人。

姊妹串乡访村，听说了一个故事，都觉得曹州人勤劳厚道，一定能让牡丹在这生根开花。谷雨过后，姊妹故土难离，便在临走的时候把两个花籽落在了楼上。赵楼的人，看到楼上有两个白胖的小孩，笑嘻嘻地咧着嘴。赶上去一看，小孩不见了。左找右寻的，在地上拣到了两粒花籽。花籽入土，第二年长出两棵牡丹，培土浇水，养了五年，两棵牡丹都开了花，一棵雪白，一棵显紫，白的就是玉版白，紫的就是葛巾紫，都是那样花大如盘，其俊无比。

　　姊妹两个听到什么故事让她们下定决心留下花籽呢？

　　故事是这样的。黄河经过曹州地面，岸边住着一对以打鱼为生的贫寒母子。小伙子很勤快，但家里实在穷得吃了上顿没下顿。到了腊月，黄河封冻，娘俩断了顿。饥寒交迫中，当娘的病倒了。她见儿子成日发愁，就让他去看戏散散心。小伙子想出去借粮就出了门。可是因为熟人一样贫苦，不忍开口。正逛着，经过一户家境殷实人家。家里老汉和儿子看戏去了，闺女到场院里喂牲口。小伙子从门前经过，见街门敞着，厢房里还有灯亮，为了叫娘吃上顿饭决定进去借个粮。小伙进了院里，叫了几声没人应，到了厢屋门口，往里一看屋里只有几个上尖的粮食囤，却没人。正想退出去，闺女见院里进去了人，伸手把门锁上了。老汉和儿子，不放心家里回来了；哥哥听妹妹说以为是贼，摸起铁棍就要打。老汉止住儿子，问清缘由。小伙把家里情况和想借粮的事跟老汉说个清楚。老汉心善，给小伙子装上一口袋麦子、一口袋谷子，还叫儿子亲自给小伙子家里送去。

　　当娘的感恩不尽，嘱咐小伙一定要记住老汉一家的恩情。开春，黄河解冻，小伙子下河打鱼，把每天打的头一条鱼，天不亮就给老汉家送去。看门还没开，便给挂在门鼻上。

这年秋天，县官的儿子打围丢了鹰，贴出了告示：谁要是给他找着鹰，赏银一百两；谁要是把鹰打死，要拿命来抵。在贴出告示的第二天，小伙子天不亮去送鱼，见老汉家门鼻上挂着死鹰，台阶上还有血迹。他忙用土把血盖住，把死鹰扔进黄河去了。一场大祸消弭无形。

原来这死鹰是一个财主因求娶老汉家闺女不成栽赃的。一连七天不见小伙。老汉一家人牵挂，正要去看他。小伙子来了，他把原委说出，老汉后怕不已，见小伙为人老诚厚道，将闺女许给小伙为妻。一家和乐地过起了好日子。

(8) 葛巾

葛巾还有一个流传很广的源自《聊斋志异·葛巾》的故事，有诗云：

> 牡丹园里蜂蝶忙，素衣紫巾映红窗。
> 洛阳公子因花癖，曹州仙女是情狂。
> 玉版冷沾三春露，葛巾香染四月光。
> 人魂花魂虽异类，一样云雨共天长。

故事大意是：洛阳常大用，是个"花痴"。他自幼喜好牡丹，平生最大梦想是赏遍天下牡丹。

一次，常大用无意中听人提及曹州牡丹甲齐鲁，于是他跋山涉水来到曹州（今山东菏泽）看牡丹。有感于他的热诚，好心人告诉他，曹州城有个姓徐的达官贵人，家中后花园里种着许多稀罕牡丹。常大用很高兴，马上找到这位达官贵人，要求借住在他家的后花园里。

早春，牡丹花时未到，枝叶刚刚吐绿。常大用天天在花园里徘徊，迟迟不愿离开。过了段日子，牡丹长出了饱满的花苞，可常大用的荷包却瘪下来了。为了糊口，他不得不把衣服典当出去，换钱度日。即便如此，常大用仍然乐呵呵地在花园里转悠，静待牡丹吐芳。

一天清晨，常大用又到花园中探视牡丹，忽见花丛边站着一位美貌姑娘和一位老妪。常大用认为徐府小姐来赏花了，谨记圣人教诲——非礼勿视，迅速回避了。

傍晚，估摸着小姐该走了，常大用来到花园，却见这一老一少仍在。常大用忍不住躲在树后，偷看那个姑娘，只见她雪肤花貌，嫣然含笑，如同仙女一般。常大用的魂儿都被勾没了！见那美女彩裙飘飘，不见了踪影，急切的他快步追上去想再看上一眼。转过假山，刚与那位美女对上眼，那个老妪凶神恶煞地拦住了他："狂生大胆！竟敢戏弄名门闺秀，待我回去禀告大人，拿你官府问罪！"

常大用惊慌失措，连连赔礼。哪知那姑娘却嫣然一笑，帮他解围，对老妪说："让他走吧！"

回到书斋后，常大用生怕那老妪真的找官府的人来捉他。可越是怕，还越是想见小姐，便害起了相思病，一病三天，不见好转，脸色苍白憔悴。

这天深夜，常大用正躺在床上呻吟，突然房门一响，那个老妪端碗走了进来。将碗递给他说："常公子，这是我家葛巾娘子亲手给你调制的毒药，你快喝了吧！"

常大用吓得坐了起来，结结巴巴地说："我，我，我与小姐无冤无仇，她何故加害于我？"

老妪说："少废话，叫你喝你就喝！"

常大用念及那姑娘的音容笑貌，把心一横：难得小姐能想起我，与其相思成病，不如服药而死！于是接过碗一饮而尽。老妪含笑而去，常大用也和衣睡下。

说来奇怪，一碗"毒药"下肚，常大用一觉醒来，神清气爽，才知道自己喝的不是毒药，而是灵药。于是他兴冲冲地跑到花园中，希望能再遇见那位葛巾姑娘表达自己的感激。

葛巾姑娘正在园中赏花，见常大用前来，她笑着问道："公子的病痊愈了吧？"常大用感激地说："多亏小姐亲手调制的那碗毒药啊！"

两人正在说笑，却见那老妪朝这边走来，葛巾忙说："此处非你我谈话之地。翻过这花园的高墙，四面红窗者，即我的闺房。君若有意，今晚不妨前来。"说罢匆忙走开。

当晚，常大用便趁着夜色，溜到葛巾的闺房与其相会。两人正待缠绵，忽听见窗外有女子的笑声，葛巾慌忙将常大用推到床下："玉板妹子来了，你赶快躲起来！"常大用隔着床缝偷偷一看，只见进来的那名女子花容月貌，与葛巾不相上下。

那玉板硬拉着葛巾去她房中对弈，通宵不曾回来，常大用失望不已，怅惘而归。好在葛巾明白他的心思，主动变换幽会地点，来到常大用的住处与他相会。常大用走了桃花运，又惊又喜，竟直把他乡作故乡，乐不思蜀了。

如是几日，葛巾对常大用说："总这样偷偷摸摸不是办法，不如咱俩私奔算了，省得别人说闲话。"常大用再顾不得赏牡丹，日夜兼程赶回洛阳，打扫门户，迎娶葛巾。家人见他娶回个这么漂亮的媳妇，高兴万分，邻居们也纷纷前来道贺。

却说这常大用有个弟弟，名叫常大器，年方十七，尚未成婚。葛巾见他相貌堂堂，颇有才华，便与夫君商量："还记得我那个玉板妹子吗？许给你弟弟如何？"常大用当然没有意见；常大器听说玉板是个美人，更没有意见。于是，葛巾派老妪驱车去曹州接来了玉板，安排她和常大器结了婚。

常家兄弟抱得美人归，喜不自胜。葛巾和玉板心灵手巧，持家有方，很快带领常家奔了"小康"。 两年以后，葛巾和玉板各生一子，小日子过得更幸福了。

生活这么美满，可常大用心中却始终对妻子来历心存疑惑。葛巾曾告诉他：自己姓魏，母亲乃是曹国夫人。常大用不信，他心想：曹州并无魏姓世家；再说了，倘若妻子真是大户人家的闺女，为何她的父母对女儿私奔不加追究？

一日，来了一伙强盗，围住了常大用家的小楼，要劫财劫色。常家兄弟气愤异常，断然相拒。强盗们恼羞成怒，聚柴围楼，恐吓若不答应他们的条件，便要一把火烧了常家。

说话间，葛巾和玉板不顾常大用阻拦，盛装出楼。她们高声叱道："我们姐妹都是仙女下凡，岂怕你们不成？就算给你们黄金万两，你们敢要吗？"强盗们不信，不退反进。葛巾和玉板一挥衣袖，这群强盗东倒西歪，立站不稳，被吓得屁滚尿流，赶紧窜逃。

邻居们见这两个美貌女子轻松打倒一群壮汉，皆传二人乃是花妖。

常大用屡闻谣传，又不便追问葛巾，便托故独自前去曹州寻访。到了曹州，他去拜访了原先借住的徐家，偶见墙壁上挂着一幅《赠曹国夫人》诗，便急问主人曹国夫人是谁。主人笑着将他领到后花园，指着一株高大的紫花牡丹说："这便是曹国夫人，只因此花艳丽无双，为曹州第一，人们便给它取其名。"

常大用失魂落魄地回到了洛阳。到了家，装作无意地把《赠曹国夫人》诗诵了一遍。葛巾闻听惨然变色，她叫出玉板，抱起孩子，哭着对常大用说："三年前，我被你的深情打动，这才以身相报，和你结为夫妻。而今你既然点破真情，再聚在一起还有什么意思？！"

玉板也泪如雨下，说："姐姐，我们花仙岂容得他人猜忌，咱们信守天令，走吧！"说罢，葛巾和玉板将孩子向远处一掷转身飘然而去。奇怪的是，那孩子一落地就不见了。

数日后，两个孩子落地的地方长出了两株牡丹，一紫一白，花大如盘。常家兄弟为了纪念葛巾和玉板，便将它们取名"葛巾紫""玉板白"。

(9) 荷包牡丹

明朝时，曹州牡丹乡有一位名叫赵安的花农。女儿春蕊，年方十八，聪明伶俐，眉目俊秀。她在花丛中行走，百花总是垂头掩面，自愧丑陋，人们都叫她"羞百花"。姑娘勤劳，方圆数十里的人们谈起春蕊，都交口称赞。

春蕊与邻村青年秋生情投意合。一日，春蕊、秋生正在田间劳动，曹州官府的差役前来抓丁，秋生和村里的几个小伙子被抓走了。春蕊悲痛万分，泪如雨下。好好的一对鸳鸯被拆散，春蕊倍感孤独，日夜思念，盼望秋生归来。然而春去秋来，不见人归。为表思念之情，春蕊决计绣一只荷包，等秋生回来赠给他。

谁知，这年牡丹开时，曹州知府前来观花。见春蕊有"闭月羞花"之貌，便生霸占之心。第二天，知府派人来求亲。春蕊当场拒绝，并将来人痛骂一顿。知府恼羞成怒，半夜抢亲。在这一天夜里，官兵们包围了春蕊家的花园，春蕊自料难以脱身，便毅然投井殉情自尽了。天亮后，乡亲们含泪将春蕊的尸体从井中打捞出来，葬于花丛之中。

三年后，秋生回到家乡，没想到春蕊已离开人世。他发疯似的跑到春蕊的坟前，泪如雨下。正哭着，忽见坟上长出一株奇异的花草，一串串粉红色的小花，形如荷花，十分好看。乡亲们得知后，纷纷跑来观赏。大家都说，这是春蕊特来显灵，给秋生送来了荷包。大伙便给这花起了个名，叫"荷包牡丹"。

(10)"荷包牡丹"的传说

古时，在洛阳城东南汝州西边有个小镇，名叫庙下。这里有一个风俗：男女一旦定亲，女方必须亲手给男的送去一个绣着鸳鸯的荷包。若是定的娃娃亲，也得由女方家中的嫂嫂或邻里过门的大姐们代绣一个送上，作为终身的信物。

镇上住着一位美丽的姑娘，年方十八，名叫玉女。玉女心灵手巧，绣花织布技艺精湛，尤其是荷包上的花绣得活灵活现，常招惹蜂蝶落在上面。玉女自是一女百家求，但都被姑娘家人一一婉言谢绝。原来姑娘自有钟情的男子，家中也默认了。可惜，小伙塞外充军已经两载，杳无音信，更不曾得到荷包。姑娘日思夜想，便每月绣一个荷包聊表相思，并一一挂在窗前的牡丹枝上。久而久之，荷包形成了串，变成了人们所说的那种"荷包牡丹"了。

(11) 一丈青

菏泽有一个牡丹品种——一丈青，而它的背后还有一段令人荡气回肠的故事。

相传北宋年间，以宋江为首的梁山起义军失败后，扈三娘(一丈青)的丈夫战死，她只身来到曹州东北黄楼(即今牡丹乡何楼)，隐姓埋名，在黄楼黄员外家花园做工。

园中牡丹盛开时，城里的官爷前来观花，见园内几个年轻姑娘俊俏，便挤眉弄眼，动手调戏。扈三娘见此，火冒三丈，大打出手，将官府老爷打翻在地。不久，那官儿带了兵前来缉捕。扈三娘大怒，公开了自己的身份和真实姓名："扈三奶奶在此，谁敢为非作歹，就让他脑袋搬家！"官兵听说是"一丈青"扈三娘，个个吓得抱头鼠窜。黄员外见扈三娘闯了大祸，又恐官府追究他窝藏义军头领之罪，遂与官府密谋，设计用药把扈三娘毒死。扈三娘死后，那几个被扈三娘解救的姑娘，夜里偷偷把她的尸体安葬在花园。坟顶插上一朵黑牡丹。为了纪念解救她们的恩人，那几个姑娘便叫这黑牡丹为"一丈青"。后来，"一丈青"黑牡丹便在曹州牡丹园里繁衍开来。

(12) 蓝田玉与冰凌罩红石

传说明末清初，曹州刘屯有户人家，母子二人相依为命。母亲桑氏，能织善纺；儿子刘俊生，十七八岁，聪明伶俐，勤奋种田，所种牡丹长得格外好。

某日，俊生正在田间劳作，突然下起了大雨。他一步一滑地拼着命往家跑，因见道旁一片牡丹被风雨摧倒，非常痛惜，便转向牡丹地，把倒地的牡丹扶起来。不多时，风停雨止，俊生拖着疲劳的身子，沿着泥泞小路，一步一歪地回到家中。那片被俊生扶起的牡丹，一见阳光，枝壮叶茂，花苞竞相开放，万紫千红。

俊生冒雨救助牡丹，感动了牡丹仙姑，便托杏树老人为媒，愿和恩人结为夫妻。杏树化为一老翁到俊生家说媒，并留下一方丝绸汗巾交给俊生母亲作为表记，约定良辰吉日，拜堂成亲。

婚期一到，牡丹仙姑变成一个眉清目秀的少女，来到俊生家中。俊生母子欣喜若狂，母亲忙问："你是谁家小姐，来俺这穷苦人家？"仙姑答道："我叫翠牡丹，家住百果树万香园，有杏老为媒，已将奴许配俊生，请母亲上座，受孩儿一拜。"说罢，纳头便拜。俊生母亲正不知所措，杏树老翁飘然而至，高声说道："今日正是吉日良辰，我特来主持拜堂成亲，请马上准备。"不多时，张罗齐全，便由杏老主持着，俊生和牡丹仙姑拜堂成亲。婚后两人互敬互爱，非常和睦。数年转眼过去，翠牡丹生下一男一女，男孩叫田玉，女孩叫红石。据说，后来这一男一女也化成了牡丹，即"蓝田玉"和"冰凌罩红石"两个品种。

(13)"枯枝牡丹"的传说

北宋末年，金兵入侵中原，有位姓卞的将军率部途经洛阳，时值隆冬，满眼枯黄，一片凄凉。将军急欲催马赶路，马鞭折断，便顺手在路旁折了一段枯枝，打马而去。几经转战，一天他率部来到江苏省盐城的便仓镇，已是人困马乏，亟待休整。将军下马，环顾四周，将权作马鞭的枯枝插入地下，以令所部在此安营扎寨……

翌年春天，那段插入地下的枯枝竟抽芽展叶。谷雨过后，居然开出了鲜艳美丽的花朵。当地百姓闻得此事，从方圆百里纷纷赶来观花烧香。经花农辨认，方知是一株牡丹。人们奔走相告："大宋有望，大宋有望。"并将此牡丹称为"枯枝牡丹"。

(14)"紫斑牡丹"的传说

明末，有位清贫饱学之士擅长琴棋书画，因看破世情拒官避世，削发为僧，隐居于太白山白云寺，法号"释易寿"。寺院中种植大量牡丹。释易寿在寺院中除日勤于佛事外，闲暇之时，几乎都用来研墨作画。他尤善画牡丹，所作之画，细腻逼真，宛若天成。凡观者，无不拍手叫绝。求画者络绎不绝。

一年谷雨前后，牡丹争相竞开，引得八方善男信女前来朝山拜佛观花，以图富贵、吉祥、安康。某日午后，释易寿正在院中对着牡丹作画，忽听院前人声嘈杂，原来当地有名的恶霸"王大癞"来到寺中。王大癞垂涎释易寿的画，便唆使庄丁上前索取。释易寿不屑与之为伍，当下拒绝。恶霸恼羞成怒，硬逼其交画一幅，易寿将画撕烂，掷笔入砚，愤然而去。

恶霸见围观的人们群情激愤，无可奈何，只得悻悻而去。谁知，从砚台内溅出的笔墨，正好落在附近几棵牡丹的花瓣上，又顺着花瓣流至花瓣基部，凝结成块块紫斑。此后，每年花开时节，人们到此，都可以清晰地看到花上的紫斑，由此得名"紫斑牡丹"。

(15)"金黄牡丹"的传说

在云南省大理的洱海边点苍山中，生长着一种金黄牡丹，色如黄金，形似元宝。据当地的白族人传说，它是由金子变成的。

传说元末，山中闹匪患。一位白族老汉以砍柴为生，一天进山砍柴，被土匪绑了勒索，要三日内交百两黄金作为赎金以保命。老汉家中只有一个相依为命的独生女阿青。家中贫寒如洗，哪有金银？第三天，阿青只身带了一袋染了金色的石块和一把利剑上山。土匪们见是一年青貌美的柔弱女子，没有防备。阿青把金色的石块抛在地上，土匪们蜂拥来抢，乘机一剑杀了土匪头目，救出了父亲。后来，就在她抛"金"之地，长出了金黄牡丹。

(16)"歹刘黄"的传说

古时候，洛阳附近有一个叫刘丹亭的后生，自小爱花如痴，种花成癖，在百花之中，尤好牡丹，院前屋后种了许多牡丹。

然而正因为他把花种得特别好，常被顽童采去游戏。他非常生气，每次凡被他捉住者，轻者罚劳作一晌，重则打板数下。因此，当地顽童便给他起了个绰号叫"歹刘"。这样渐渐传开，"歹刘"久而久之便取代了他的名字。

"歹刘"种花的技艺高超，种了牡丹百余株，花大色艳，品种多。一年他培育出一株黄金色的牡丹，是用姚黄和另外一种黄牡丹嫁接出来的，黄色主调之中，一叶花瓣上，既有蝉翼剔透之妙处，又有纯金沉厚之气息，其花色超过"姚黄"。众乡邻惊叹，富贵人家以金银相求。一时远近争相栽种，成为一种时尚。人们将这种花命名为"歹刘黄"，并载入书中，流传下来。

(17)"万卷书"的传说

明代安徽亳州有个书生欧阳搏云，本是官宦子弟，后因家道中落，十分贫寒。他不愿寄人篱下，决心考取功名，光宗耀祖，却连年落榜。有位好心肠的先生告诉他："你功底太差，还需读万卷书，方能感召天地之神。"于是他终日抄书习文不止。无奈家中一贫如洗，买不起纸张，就将文章抄写在墙壁上和门板上。一日他在屋中烦闷，便到后院散心。见后院那株多年未开花的牡丹丛，花繁叶茂。于是突然心血来潮，取出笔砚，将文章抄写在牡丹花瓣上，以花代纸。那位好心的先生路过这里看到此景，称此牡丹为"万卷书"。这也许感动了"花神"。翌年，欧阳搏云果真中了"举人"。

(18)"刘师阁"的传说

隋末，河南汝州的庙下镇东刘家馆有个出身于书香门第的美丽少女，自幼精通琴棋书画，备受亲邻喜欢。父母过世后，少女便随在长安做官的哥嫂来到长安定居。隋朝灭亡后，哥嫂相继谢世，独留她孤苦伶仃一个人，又兼看破红尘，便出家作了尼姑。

出家时，少女将原来家中院内亲手种植的白牡丹带到庵中，以表献身佛家，洁身自好之意。在她的精心管理下，白牡丹长得非常茂盛、美丽。一株着花千朵，花大盈尺，重瓣起楼，白色微带红晕，晶莹润泽，如美人肌肤，童子玉面。观者无不赞其美，颂其佳。故每逢四月，众多信女纷纷前来此庵拜佛观花，且以花献佛为乐，香火愈旺。因此花出自"刘氏居之阁下"，故名为"刘氏阁"，又称为"刘师阁"。

(19) 香玉

崂山下清宫，耐冬高二丈，大数十围，牡丹高丈余，花时璀璨似锦。胶州黄生，舍读其中。自窗中见女郎，素衣掩映花间。心疑观中焉得此。趋出，已遁去。自此屡见之。遂隐身丛树中，以伺其至。未几，女郎又偕一红裳者来，遥望之，艳丽双绝。行渐近，红裳者却退，曰："此处有生人！"生暴起。二女惊奔，袖裙飘拂，香风洋溢，追过短墙，寂然已杳。爱慕弥切，因题句树下云："无限相思苦，含情对短缸。恐归沙咤利，何处觅无双？"归斋冥思。女郎忽入，惊喜承迎。女笑曰："君汹汹似强寇，令人恐怖；不知君乃骚雅士，无妨相见。"生叩生平，曰："妾小字香玉，隶籍平康巷。被道士闭置山中，实非所愿。"生问："道士何名？当为卿一涤此垢。"女曰："不必，彼亦未敢相逼。借此与风流士，长作幽会，亦佳。"问："红衣者谁？"曰："此名绛雪，乃妾义姊。"遂相狎。及醒，曙色已红。女急起，曰："贪欢忘晓矣。"着衣易履，且曰："妾酬君作，勿笑：'良夜更易尽，朝暾已上窗。愿如梁上燕，栖处自成双。'"生握腕曰："卿秀外慧中，令人爱而忘死。顾一日之去，如千里之别。卿乘间当来，勿待夜也。"女诺之。由此凤夜必偕。每使邀绛雪来，辄不至，生以为恨。女曰："绛姐性殊落落，不似妾情痴也。当从容劝驾，不必过急。"

一夕，女惨然入曰："君陇不能守，尚望蜀耶？今长别矣。"问："何之？"以袖拭泪，曰："此有定数，难为君言。昔日佳作，今成谶语矣。'佳人已属沙咤利，义士今无古押衙'，可为妾咏。"诘之，不言，但有呜咽。竟夜不眠，早旦而去。生怪之。次日，有即墨蓝氏，入宫游瞩，见白牡丹，悦之，掘移径去。生始悟香玉乃花妖也，怅惋不已。过数日，闻蓝氏移花至家，日就萎悴。恨极，作哭花诗五十首，日日临穴涕洟。一日，凭吊方返，遥见红衣人挥涕穴侧。从容近就，女亦不避。生因把袂，相向汍澜。已而挽请入室，女亦从之。叹曰："童稚姊妹，一朝断绝！闻君哀伤，弥增妾恸。泪堕九泉，或当感诚再作；然死者神气已散，仓卒何能与吾两人共谈笑也。"生曰："小生薄命，妨害情人，当亦无福可消双美。曩频烦香玉，道达微忱，胡再不临？"女曰："妾以年少书生，什九薄幸；不知君固至情人也。然妾与君交，以情不以淫。若昼夜狎昵，则妾所不能矣。"言已，告别。生曰："香玉长离，使人寝食俱废。赖卿少留，慰此怀思，何决绝如此！"女乃止，过宿而去。数日不复至。冷雨幽窗，苦怀香玉，辗转床头，泪凝枕席。揽衣更起，挑灯复踵前韵曰："山院黄昏雨，垂帘坐小窗。相思人不见，中夜泪双双。"诗成自吟。忽窗外有人曰："作者不可无和。"听之，绛雪也。启户内之。女视诗，即续其后曰："连袂人何处？孤灯照晚窗。空山人一个，对影自成双。"生读之泪下，因怨相见之疏。女曰："妾不能如香玉之热，但可少慰君寂寞耳。"生欲与狎。曰："相见之欢，何必在此。"于是至无聊时，女辄一至。至则宴饮唱酬，有时不寝遂去，生亦听之。谓曰："香玉吾爱妻，绛雪吾良友也。"每欲相问："卿是院中第几株？乞早见示，仆将抱植家中，免似香玉被恶人夺去，贻恨百年。"女曰："故土难移，告君亦无益也。妻尚不能终从，况友乎！"生不听，捉臂而出，每至牡丹下，辄问："此是卿否？"女不言，掩口笑之。

旋生以腊归过岁。至二月间，忽梦绛雪至，愀然曰："妾有大难！君急往，尚得相见；迟无及矣。"醒而异之，急命仆马，星驰至山。则道士将建屋，有一耐冬，碍其营造，工师将纵斤矣。生急止之。入夜，绛雪来谢。生笑曰："向不实告，宜遭此厄！今已知卿；如卿不至，当以炷艾相炙。"女曰："妾固知君如此，曩故不敢相告也。"坐移时，生曰："今对良友，益思艳妻。久不哭香玉，卿能从我哭乎？"二人乃往，临穴洒涕。更馀，绛雪收泪劝止。又数夕，生方寂坐，绛雪笑入曰："报君喜信：花神感君至情，俾香玉复降宫中。"生问："何时？"答曰："不知，约不远耳。"天明下榻。生嘱曰："仆为卿来，勿长使人孤寂。"女笑诺。两夜不至。生往抱树，摇动抚摩，频唤无声，乃返，对灯团艾，将往灼树。女遽入，夺艾弃之，曰："君恶作剧，使人创痏，当与君绝矣！"生笑拥之。坐未定，香玉盈盈而入。生望见，泣下流离，急起把握。香玉以一手握绛雪，相对悲哽。及坐，生把之觉虚，如手自握，惊问之。香玉泫然曰："昔妾，花之神，故凝；今妾，花之鬼，故散也。今虽相聚，勿以为真，但作梦寐观可耳。"绛雪曰："妹来大好！我被汝家男子纠缠死矣。"遂去。香玉款笑如前；但偎傍之间，仿佛一身就影。生悒悒不乐。香玉亦俯仰自恨，乃曰："君以白蔹屑，少杂硫黄，日酹妾一杯水，明年此日报君恩。"别去。明日，往观故处，则牡丹萌生矣。生乃日加培植，又作雕栏以护之。香玉来，感激倍至。生谋移植其家，女不可，曰："妾弱质，不堪复戕。且物生各有定处，妾来原不拟生君家，违之反促年寿。但相怜爱，合好自有日耳。"生恨绛雪不至。香玉曰："必欲强之使来，妾能致之。"乃与生挑灯至树下，取草一茎，布掌作度，以度树本，自下而上，至四尺六寸，按其处，使生以两爪齐搔之。俄见绛雪从背后出，笑骂曰："婢子来，助桀为虐耶！"牵挽并入。香玉曰："姊勿怪！暂烦陪侍郎君，一年后不相扰矣。"从此遂以为常。

生视花芽，日益肥茂，春尽，盈二尺许。归后，以金遗道士，嘱令朝夕培养之。次年四月至宫，则花一朵，含苞未放；方流连间，花摇摇欲拆；少时已开，花大如盘，俨然有小美人坐蕊中，裁三四指许；转瞬飘然 欲下，则香玉也。笑曰："妾忍风雨以待君，君来何迟也！"遂入室。绛雪亦至，笑曰："日日代人作妇，今幸退而为友。"遂相谈宴。至中夜，绛雪乃去。二人同寝，款洽一如从前。

后生妻卒，生遂入山不归。是时，牡丹已大如臂。生每指之曰："我他日寄魂于此，当生卿之左。"二女笑曰："君勿忘之。"后十余年，忽病。 其子至，对之而哀。生笑曰："此我生期，非死期也，何哀为！"谓道士曰："他日牡丹下有赤芽怒生，一放五叶者，即我也。"遂不复言。子舆之归家，即卒。次年，果有肥芽突出，叶如其数。道士以为异，益灌溉之。三年，高数尺，大拱把，但不花。老道士死，其弟子不知爱惜，斫去之。白牡丹亦惟悴死；无何，耐冬亦死。

(20) 绿牡丹

传说有一个书生爱养花，他家花园常年开放着各式各样的花，被街坊四邻交口称赞。一日，书生遇到一老者，老者说他的花园缺绿牡丹。书生心痒难耐，求老者告知找绿牡丹的方法。

书生得人指点，历尽艰辛，通过了老者所设的黑水湖、蒺藜山、落魂涧三关险死还生的考验，来到老人所住村子。老人领他到了自己的花园，书生求老者把绿牡丹给他。老者让自己的七闺女把书生送回家去。告诉他到家三年后书生家花园里就会有绿牡丹了。那七小姐随书生回了家，与书生办了喜事。

第三年，七小姐生了个女孩，又白又胖，俊得活像一朵牡丹花。这天，女孩子跟他爷爷上街耍，不小心叫石头一绊摔死了。爷爷放声嚎啕，不知跟儿媳妇怎么说。媳妇劝慰公爹和书生，说："人死不能复生，你把她埋在咱花园里的百花中间。想她时，就在清早上、日出以前，围着她的坟左转三圈，右转三圈。孩子就会出来和你见面。"说完，她也不见了。

书生见孩子、媳妇都不见了，更加悲痛欲绝，按照媳妇的嘱咐，抱起孩子走到花园里，在那百花中间挖了个深深的土坑，把她埋在里头。日出前，就来到花园中间，围着孩子的坟，左转了三圈，右转了三圈。刚转完，就见那坟裂开了，从坟底下长出一棵绿杆绿叶的牡丹花来。那花的叶间又冒出一个个花骨朵，接着便开出了朵朵绿茸茸、香喷喷的绿牡丹花。

从此，书生家的花园里，便有了那名贵的绿牡丹花。

(21) 一捻红

古代四大美女中羞花的主人公杨玉环，人们常把她比作牡丹。有一种牡丹叫"一捻红"，与她颇有渊源。

一捻红，出自唐代。《青琐高议》载："明皇时有献牡丹者，谓之杨家红，乃杨家花也。盖贵妃匀面，胭脂在手，印于花上，置于仙春馆栽之，来岁花开，上有指印红迹，帝名为一捻红。"宋高承《事物纪原》说："今牡丹中有'一捻红'，其花叶(瓣)红，每一花叶端有深红一点，如半指。(唐)明皇时，民有以此花上进者，值妃子正作妆奁，因以妆指捻之，胭脂之痕染焉，植之，明年花开，俱有其迹。"

4.1.8.2 牡丹传说

(1) 牡丹生日

提到农历八月十五中秋节，大家都会想到赏桂花吃月饼。然而在古代洛阳，这一天被作为牡丹的生日纪念。洛阳人会在这一天摆供烧香，搭台唱戏，供奉花神，还要吃牡丹糕，喝牡丹汤，用水给牡丹洗浴。

传说，某年农历八月十五这天，吕洞宾路过洛阳邙山，看到这里瘟疫暴发，民不聊生。听说天上牡丹仙子能治住瘟疫，他便上天请仙子。仙子花容月貌，是王母的使女。王母因吕洞宾素日口碑不佳，认为其是八仙中的好色之徒，来此是用这件事为借口骗牡丹仙子，故而不允牡丹下凡。吕洞宾满面羞惭，有口难辩。为救百姓只得夜里敲开牡丹仙子门，再三哀求。牡丹善良貌美，便偷偷下凡，用撒下的种子种出牡丹，用根给百姓治好了病。王母得知牡丹仙子私自下凡，贬她永世不得再回天宫。牡丹只好在邙山翠云峰住下。

而吕洞宾心中过意不去，决意留在邙山不走。因牡丹种子是八月十五这天撒的，百姓们就把这天作为牡丹的生日。每年这天，人们成群结队到翠云峰为牡丹仙子进香，也在邙山上为吕洞宾修了一座庙，俗称吕祖庵。

（2）牡丹与芍药的传说

传说洛阳邙山脚下住着一对勤劳善良的夫妻，生有一子英哥，夫妻二人对英哥宠爱有加。英哥九岁丧父后母亲病倒。英哥到处求医问药，也没能治好。

有次他听说，邙山顶上仙人台旁长有灵芝草能起死回生除百病，就悄悄瞒了他妈历尽辛苦去采摘仙草。快到山顶时，遇到了南极仙翁，仙翁考验了英哥救母的决心和毅力，非常感动，就给了他一粒药丸使其飞升到瑶池炼丹房，指点他盗取王母仙丹救母。英哥到了丹房，多取了一些仙丹想一并给穷苦生病的百姓。由于被发现，王母派人追赶，英哥把仙丹撒向人间。王母勃然大怒，举剑朝英哥头上砍去。南极仙翁及时赶到，告知是玉帝见天下百姓有灾难，让其拯救，才命英哥来借仙丹。王母听说玉帝有令，悻悻作罢。南极仙翁让英哥把撒下去的化成牡丹的仙丹根皮剥下来煎成汤医治其母。英哥依从救了母亲和其他患病百姓。因为这花是王母娘娘的仙丹所化，人们就叫它"母丹"。母丹因有仙丹灵气，开的花富贵美丽，香气四溢，世上都称它"国色天香"。

后来，人们又将这花分为雌、雄两种，雌的称"牝"，雄的称"牡"。雌的慢慢演变成了芍药；雄的，人们又给他改名叫"牡丹"。至今，人们还称牡丹和芍药是姊妹花。

(3) 牡丹仙子的传说

相传汉光武帝刘秀起义时候，被王莽的上将王朗追杀逃到了北郝村。此时天已过午，刘秀又饥又渴，乡邻怕事关门闭户，刘秀无处藏身来到村中弥陀寺。

村西有一户郑家，只有父女二人。老者不在，仅剩十六岁的女儿鄤鄤到村西弥陀寺去玩耍。这弥陀寺年久失修，只有一个老僧人也外出化缘，香火日衰。惟有后院一簇大牡丹，花大如盘。鄤鄤就一个人来到寺后的牡丹园中采摘牡丹花玩耍。

刘秀到寺中，听到追兵赶到，急忙向寺后躲去。寺后空旷，除了一簇牡丹无处可藏。刘秀求助鄤鄤。女子情急之下将刘秀一把拉入牡丹丛中，又把采摘的牡丹花撒在裂缝之中。

王朗率领兵一路赶来把寺院，仍未发现刘秀，询问鄤鄤。鄤鄤给王朗指了条错路，救下刘秀。刘秀疲惫紧张松懈下来便病倒了。鄤鄤将其安置寺中，托词村头七婶家的小豆子受了风寒，向父亲讨了些平常草药熬上，然后就带着饭菜和熬好的药，向弥陀寺而来。

两个年轻人患难见真情，山盟海誓，私订了终身。刘秀在鄤鄤姑娘的照顾下病好了，要返回义军。两人生离死别，互道珍重。一别就是七八年，刘秀杳无音信，鄤鄤姑娘望眼欲穿。

由于翚翚貌美，一女百家求，可翚翚一家人一直也没有答应，渐渐地留成了老姑娘。翚翚望眼欲穿，郁郁寡欢，思念成疾，一病不起。自觉不行了，翚翚便把当年如何碰到刘秀，如何援救于他，如何私订终身，全都说给了父亲。郑老夫这才如梦方醒。她留下遗言要父亲把她葬在弥陀寺后的牡丹花旁，伴随牡丹等候刘秀，便抱憾而终。

第二年秋季一天，刚登基的帝王带鼓乐仪仗来迎娶，得知翚翚故去，很是伤心。刘秀换了常服的皂衣，由郑老爹陪着来到了弥陀寺睹物思人，悲从心来，叹人生无常。

牡丹的枝叶被刘秀的眼泪打湿了，突然婆娑一抖，竟开出满枝的红花来。花大如莲，芬芳四溢。牡丹花似有灵性，随风盈盈下拜，刘秀感触万千。于是，封牡丹为花中之王，封翚翚为牡丹仙子。

一时间，祥云飘飘，鸾凤和鸣。翚翚站在最大的一朵牡丹花上，由祥光托着，随着仙乐袅袅，百鸟漫舞，冉冉升在空中，飘然而去。

从此，弥陀寺的牡丹成了神，人们给牡丹仙子修庙塑像，香火不停。最为神奇的是，这株汉代牡丹很有民族骨气。抗日战争时期，日寇占领柏乡城后，很是垂涎汉牡丹的花容和灵性，就把汉牡丹连根挖走，种在自己的炮楼里。但是，牡丹却枯死了，听凭鬼子浇几许水，也没有复生。而在日本投降那年，弥陀寺的牡丹却又抽芽了，茁壮生长，枝繁叶茂，而且开出满枝的红花来。

(4) 武则天与洛阳牡丹

我国历史上唯一得到普遍承认的女帝武则天喜好牡丹。《全唐诗》中武则天曾所作有《腊日宣诏幸上苑》，诗云："明朝游上苑，火急报春知。花须连夜发，莫待晓风吹。"相传，武则天有一次想游览上苑，便专门宣诏上苑，"明朝游上苑，火急报春知。花须连夜发，莫待晓风吹"。当时正值寒冬，面对武则天甚为霸道的宣诏，"百花仙子"领命赶紧准备。第二天，武则天游览花园时，看到园内众花竞开，却独有一片花圃中不见花开。细问后得知是牡丹违命，武则天一怒之下便命人点火焚烧花木，并将牡丹从长安贬到洛阳。谁知，这些已烧成焦木的花枝竟开出艳丽的花朵，众花仙佩服不已，便尊牡丹为"百花之首"。"焦骨牡丹"因此得名，也就是今天的"洛阳红"。

武帝自幼喜爱牡丹，其称帝建都洛阳，将牡丹从全国各地引种到洛阳。自唐则天以后，洛阳牡丹始盛。武帝充实了洛阳牡丹资源，将洛阳牡丹发扬光大，自古便有公论。

(5) 宋单父与娇容三变

沉香亭是皇上与杨贵妃纵情游乐的地方，玄宗诏命各地花师到此种植牡丹及花木，洛阳著名花师宋单父因此被召至沉香亭。宋单父在沉香亭培育牡丹，因白日有皇上嫔妃游赏，所以只能在夜间进行，昼夜为之操劳，最终育出了这种"娇容三变"。

传说，这一年倒春寒，到了花开季节还不见蓓蕾萌发，如果届时不能开花，皇上是一定要降罪的。牡丹仙子们同情夜夜为自己操劳的宋单父，为了不让他受罚，众仙子商议：明日皇上赏花时，大家合力在一天中各开一枝一茎，以供皇上观赏。次日清晨，牡丹忽然大放，每一枝头开放两朵，姿态各异，它们在朝露晨曦中皆呈深红，于是皇上贵妃及百官皆来观赏，惊讶不已。正在观赏赞叹之时，天已正午，牡丹突然又变成深碧之色，众人惊异，哗然一片。待到天降暮色，片片花瓣又变成深黄，众人观之，如醉如痴。然明月升起之后，花儿又从深黄变为粉白与月光同辉，众皆惊诧但不知其所以然。

明皇不知就里，竟说这是花妖并要降罪宋单父，众花仙心中不服，也为宋单父不平，就离开沉香亭来到骊山。从此沉香亭"娇容三变"不再开花。

可是事有凑巧，没几日，明皇与贵妃又来到华清宫赏花，贵妃竟醉卧华清宫。次日，众仙子不知明皇和贵妃前来，皆连袂而开。明皇扶醉酒未醒的贵妃前来赏花，在这里又惊讶地看到奇异的"花妖"，但这时，明皇已经喜欢上了这群"花妖"，于是他亲折一枝与妃子，递嗅其香。还说："不惟萱草忘忧，此花香艳犹能醒酒"。

(6) 三帝牡丹台赏花

"康乾盛世"是中国清王朝前期统治下的盛世。在故宫博物院院刊中有这样一篇文章，解读《雍正帝观花行乐图》的内容和年代，揭示这幅画当为与雍乾继位有重要关系的"牡丹台纪恩图"，由此重新审视雍正继位问题。

在位时间短促且勤政如斯的雍正帝，并没有南下江南察民览景、北上承德避暑休憩。勤政的雍正留下的行乐图实为清帝之最。勤于政务而无暇分身的雍正帝，觅得一批优秀画师，为自己量身定做画像，尝试将自己置身于多种场景之中，既有端坐于书房宫殿，也有驰骋于山林野外，既穿汉服，也着洋装。这些行乐图并非据其实际活动绘制而成，而是在其授意之下由画师精心画作所得。此举既可自娱生活以怡情怀，也可以满足其难以巡行于外所留下的内心遗憾，雍正也借此把治国理念灌输其中。

这幅画绘制于1724年，也就是康熙皇帝去世的一年半之后。雍正率领弘历及诸大臣到牡丹台祭奠康熙。由于此时还在丧期内，所以画中人物都是正冠素服。果盒提匣酒具仅有一份，正是中国人清明节祭奠先祖的几样必备供品。盛开的牡丹，重叠的层石，都清楚地表明画作描绘的场景正是康雍乾三帝相会的所在——圆明园牡丹台。此地景色，正与雍正帝诗中"叠云层石秀，曲水绕台斜。天下无双品，人间第一花。艳宜金谷赏，名重洛阳夸。国色谁堪弄，仙堂锦作霞。"赏花地点牡丹台(圆明园四十景之一，后名"镂月开云")相合。画中少年，他穿着清初太子秋香色服饰，盘腿坐在雍正帝的右前方，正是画作的关键人物乾隆皇帝。弘历很受康熙器重，甚至有人揣测，康熙之所以将皇位传给雍正就是因为看上了弘历。

康熙晚年，两废太子，九龙夺嫡，骨肉相残。灭绝亲情的储位之争，使康熙被折磨得心力交瘁。雍正深知人性，以退为进。雍正表现出了超然的态度，躬耕籍田，一副与世无争的模样，对于康熙交办差事，都很漂亮地完成，这给康熙留下了深刻的印象。康熙相信他实无夺嫡野心，"殷情恳切，最为诚孝"。在雍正的王府中，康熙可以感受到家的温暖，所以在晚年康熙经常到雍正的家中。据《康熙实录》记载，康熙皇帝至少曾经五次游幸圆明园，除首次外，五十八年、五十九年春夏之交各有一次，六十一年则为两次。从第二次康熙五十八年起皆为谷雨至小满之间牡丹盛开季节莅临。雍正在家中闲聊引荐自己的两个儿子与康熙相见。弘历在气度、课业等方面的表现给康熙留下深刻的印象。雍正抓住了老年人爱孙的心理，弘历"天然富贵"的生辰八字也被送到了康熙手里，使弘历赢得其祖欢心。第二年，雍正又请康熙到圆明园中牡丹台赏花。被儿子伤透心的康熙二次驾临牡丹台，只有从雍正和弘历身上才能体会到天伦之乐。从此以后，康熙把弘历带到身边悉心教导抚养，随驾畅春园。康熙子孙甚多，乾隆是康熙唯一带在身边的孙子。

祖孙三人在牡丹台的这次相聚并非偶然，而是由雍正精心策划的。乾隆晚年在一首诗作的自注中写道："康熙六十一年我十一岁，随皇考至山尹观莲所廊下，皇考命我背诵所读经书，不遗一字。当时皇祖近侍皆在旁环听，都很惊异。皇考始有心奏皇祖令我随侍学习。"这件事情发生在"牡丹台赏花"的前一年，雍正要求弘历在康熙的近臣面前展现才华，并有心奏请康熙将弘历放到身边培养历练。从中便可看出，"牡丹台赏花"不过是雍正送子入宫这一计划的继续与落实。他的苦心没有白费，弘历博得了祖父的欢心，成为雍正竞争皇帝岗位过程中重要的砝码。

圆明园牡丹台在清初历史上留下重要一笔。开创康雍乾盛世130年的三位皇帝在牡丹台相聚，传为佳话。史学家推测，牡丹台相聚对雍正、乾隆承袭帝位有一定的内在联系。弘历继位后，把镂云开月殿增题匾额"纪恩堂"，也写了很多首关于牡丹台的"纪恩"诗，纪念康熙爷对他的赏识抚育之恩，不忘发迹之地。

(7) 慈禧与牡丹的故事

清末，慈禧太后在隆冬季节，看厌了北京的腊梅、海棠，效法女帝武则天，令牡丹在冬天开放。她询问下臣："天下哪里的牡丹最好？"大臣们一致上奏："山东曹州府的牡丹最好，天下闻名。"太后降旨，令曹州府进贡牡丹花，不得延误。

曹州知府，接到谕旨，又怕又喜。怕的是，牡丹违背时令无法开花，怪罪下来，性命难保；喜的是，若能按期进献，少不了加官晋爵，飞黄腾达。曹州知府火速承旨，连夜派人前往牡丹乡。

曹州府的差役们向牡丹乡花户宣布：知府有令，一月之内进献盛开的曹州牡丹。事成有赏；如果育不出，就将牡丹乡所有的牡丹，统统刨掉！

俗话说"谷雨三朝看牡丹"。如今违背天时节气，寒冬腊月，牡丹无法开花。花农们日夜发愁，没有办法。有的老花农曾听长辈说过，过去有火炕烘花的办法，但现已失传。官府日日催逼，花农们愁眉不展。

万花村有位老花农，养花多年，对每种牡丹的品性都了如指掌，冬天扒土看根，就能分辨出是何种牡丹。他曾听老人说过冬天烘开牡丹的事，但他从没有亲眼见过，更没有亲自实践过。现在为了解除牡丹乡这场大祸，他决心做烘花试验，便带领全家破土挖窖，窖中做炕，炕上栽牡丹，施上牛粪，烧火加温。

果然功夫不负有心人，竟然真的烘开了两朵大胡红。牡丹乡男女老少将烘开的大胡红送到曹州府衙。知府如期进献牡丹，果真官运亨通，青云直上。牡丹乡的牡丹也免除了一场灭顶之灾。

在余鹏年的《曹州牡丹谱·附则》中，也有关于烘花的记载："今曹州花，可以火烘开者三种：曰胡氏红，曰何白，曰紫衣冠群。"

(8) 牡丹王与袁世凯的故事

民国初年，曹州赵楼村南有棵生长了一百五十多年的牡丹树，叫脂红。这棵牡丹，树高丈二，枝长丈八，主干有碗口般粗细，开花红似胭脂，人称"牡丹王"。

牡丹王花开时节，红霞一片，香气袭人。在十里八乡被传为奇谈。当时，曹州镇守史陆郎斋对"牡丹王"早有所闻，多次提出要买"牡丹王"，花农们执意不允，只好作罢。

袁世凯准备登基为帝，陆郎斋为了讨好他，想拿 "牡丹王"作进贡礼。春天牡丹花开，陆郎斋带领一干人马来到赵楼牡丹园命人强抢"牡丹王"。

在花农们的抗议声中，陆郎斋强行挖走了"牡丹王"。陆郎斋派了专车亲自护送着到北京，见到了袁世凯。袁世凯见后，喜出望外，陆郎斋的官职也连升三级。

袁世凯令陆郎斋把"牡丹王"送到河南安阳市袁公馆。没过多久，"牡丹王"在袁氏公馆枯死，当了83天皇帝的袁世凯被赶下了台。牡丹乡的花农们得知"牡丹王"枯死的消息，悲痛欲绝。有人赋诗一首：

> 窃国大盗用小人，国遭灾难花不存。
> 灌注心血百余载，枯死异乡刀剜心。

4.2 牡丹与经济

牡丹自古以来除观赏、药用价值外，还兼具食用保健价值，牡丹应用更贯穿于农业、工业、服务业等多个产业领域，释放出巨大的经济能量。以苗木生产、观光旅游、花展、牡丹深加工为主的药品、食品、保健品以及以文化功能为主的牡丹文化产业成为产业化的主要构成部分。

在古代，因其观赏价值催生了牡丹相关产业的发展和较高的经济价值。牡丹在盛唐为帝妃贵戚所重，社会风气奢靡，寺观、宅院、官衙、宫殿无不栽种。"王侯家为牡丹贫"，牡丹一本万金，价格高昂。在喜爱牡丹的社会风气下，以种植牡丹求利的现象也应运而生，出现一些专以种花为生的人。牡丹的价格视品种颜色而定，但总的来说，都是非常昂贵的。《唐国史补》曰："京城贵游尚牡丹三十余年矣。每暮春，车马若狂，以不耽玩为耻。执金吾铺，官园外寺观，种以求利，春有值数万者。"白居易《秦中吟•买花》曰："灼灼百朵花，戋戈五束素。……一丛深色花，十户中人赋。"《酉阳杂俎》续集卷九也记载有贞元中牡丹已贵，柳浑善言："进来无奈牡丹何，数十千钱买一棵。"《东京梦华录》记载宋都汴梁花市盛况："牡丹、芍药、棣棠、木香种种上市，卖花者以马头竹篮铺排，歌叫之声，清奇可听。"

《曹州志·风土志》记载："士族资以游玩，贫人赖以营植"，曹州花农以牡丹为生。《山东通志》记载："牡丹，曹州最盛，居民以此为业分运各省。"每年春季曹州"土人捆载之(牡丹)，南浮闽粤，北走京师。至则厚值以归，故每岁辄一往。"

京南丰台牡丹园、草桥牡丹园是元明两代皇家"盛种牡丹之地"，清代皇家又于此经营。名花数万余株，不断为宫廷输送牡丹。据传康熙、乾隆、嘉庆皇帝都曾到丰台观赏过牡丹。

清代熏花已十分普及，据《曹州牡丹－附记七则》载："右安门外草桥，其北土近泉居人以种花为业，冬则温火煊之，十月中旬，牡丹进御矣"。再据《五杂俎》载："朝迁进御常有应时之花，然皆藏之窖中，四周以火逼之，隆冬时即有牡丹花，道其工力，一本数十金"。

自唐以来，宫廷、官府及民间组织不同规模的赏花会、牡丹诗会、花展比比皆是，繁荣了当时的经济。中华人民共和国成立后，每年的4月15—25日，与洛阳牡丹花会同期举办对外经济贸易洽谈会和牡丹灯会。第35届洛阳牡丹文化节，游人2 493.96万人次，创收223.5亿元，产生了巨大的经济价值。

牡丹一身是宝。丹皮、牡丹叶等部位药用价值高。铜陵凤凰山是药用牡丹生产基地。牡丹的花瓣、花粉、种子均含有对健康有益的成分，既可作为健康营养产品进行加工开发，也可作为油料来源。牡丹籽油是经过国家卫生部批准的新资源食品，油用牡丹即将成为国家粮油安全的战略新资源。

《中国花经》中有这样的说法："当今，河南洛阳、山东菏泽是我国牡丹的主要生产基地、良种繁育基地以及游览观赏中心。菏泽、洛阳两市，现今皆以牡丹花为市花。

另外，牡丹文化催生出来的以牡丹为题材的刺绣、雕刻、绘画、摄影、瓷器等工艺品也为丰富人们的日常生活以及经济发展产生了很强的促进作用。

我国牡丹的优势：资源丰富、历史悠久、有深厚文化基础和文化积淀，拥有较成熟的栽培技艺，生产规模较大。

我国牡丹的劣势：产业没有形成规范化流程和领军企业，研究与市场结合不紧密，配套生产栽培技术粗放，产品结构单一，产业链短，产品不够丰富，深加工不足，市场开发不充分。市场竞争缺乏品牌效应。药用需要走向深层次、多领域开发利用。

随着牡丹的传播，牡丹由中国传统名花逐步实现向世界名花转变。它的经济价值尚有很大开发空间。习近平总书记在2013年视察菏泽参观尧舜牡丹产业园时，得知牡丹的很多功用，表示长了见识，印象深刻。在座谈会上他指出："一张蓝图绘就后，就要一任接着一任干。过去确定的东西，正确的，就要坚持下去。当然随着认识加深，不正确、考虑不到位的，也要与时俱进。关键是实干苦干，稳扎稳打，最后总会出成效。"

4.3 牡丹与上层建筑

上层建筑是建立在经济基础之上的意识形态以及与其相

适应的制度、组织和设施，在阶级社会主要指政治法律制度和设施。上层建筑包含观念上层建筑(如宗教、哲学、道德、艺术等)和政治上层建筑(如法律、监狱、法庭等)。牡丹作为我国传统十大名花中花中之王，承载了民族和社会发展变迁史。透过牡丹，可以进一步探讨社会在政治、哲学、宗教、伦理、审美、道德等领域的发展特点。

4.3.1 牡丹与政治

牡丹具有极强的文化包容性，盛世尽显雍容华贵，乱世寄托人们的情怀。自唐代牡丹盛行以来，牡丹与政治便有了奇妙联系。

唐代是中国历史上第一个诞生"国花"的朝代，唐代所尚之花——"花中之王"的"牡丹"。宋代崇尚梅花。"国花"的更易，以事实证明了政治教化、君主提倡、世情民风、学术风气、文人心态、创作的杰出成就等都与形成时代风格密切相关，而不同时代所尚之"国花"，则是所有这一切的绝妙缩影。

初唐，牡丹观赏仅限于贵族小群体。隋末民不聊生，初唐百废待兴，开放的政策、向上的时代精神和平稳的经济发展与牡丹内在气质吻合。至开元盛世，政治经济、文化条件为牡丹繁盛创造了条件，上至王公贵族、文人士大夫，下至平民百姓，均对牡丹钟爱有加。牡丹纹样图案出现在皇亲贵妇、冠冕朝服上，还根据颜色区分出不同的等级，满足其政治需要。

中唐时期，经过安史之乱，社会经济仍然较好，滋生享乐之风，从此牡丹成为国花。"花开花落二十日，一城之人皆若狂。"牡丹的雍容华贵迎合了世人心态，却又因中唐时期社会走下坡路而实现奢华与感伤的矛盾统一，体现衰退时期社会文化的自闭与保守性。宫廷权贵举行牡丹花会，民间亦有斗花习俗。这些源自人们对盛唐的怀念，牡丹是盛唐的文化代表，人们以此寄托他们的盛唐梦。

晚唐时期，内忧外患，牡丹逐渐衰败，唐诗中的牡丹多成为寄托诗人感叹命运的载体。

北宋立国，以开封为首都，以洛阳为西都。随着天下形势的稳定，开封、洛阳等地区中心城市迅速得到了恢复和发展。就地理形势而论，北宋时期，长安已偏处西北一隅，无复唐时之盛。由于以上政治、地理形势的变迁，待天下安定后，人们又开始热衷于牡丹玩赏活动，而此时牡丹玩赏活动的中心，遂由唐代时的长安，转移到北宋时期的洛阳。北宋百余年牡丹赏玩习俗与朝廷政治建立起了特别紧密的关联，牡丹及相应的审美玩赏活动被视为朝廷之祥瑞、政治之圣明、国家之繁荣的表征。牡丹审美玩赏之风达到巅峰，以洛阳为中心的牡丹玩赏活动，体现出大众化、经常化和制度化等特点。在朝中，有以皇帝为中心，众朝臣随侍举行的"赏花钓鱼宴"。宋朝男子有戴花的习俗。宋真宗曾于宜春殿赐花，"出千叶者才十余朵，所赐止亲王、宰臣"。在洛阳等地，每年有由地方行政长官主持推动的"万花会"。朝廷及地方政府围绕牡丹形成了一系列制度或惯例，强化了牡丹在社会政治生活中的重要意义和象征意味。为使帝王后妃在牡丹花季能够欣赏到姚黄、魏紫等名贵品种，西京留守每年差人驿送牡丹至开封，谓之"贡花"。此举更是延续至徽宗朝，甚至演变出现了"花石纲"。

北宋牡丹诗在主题取向及文化精神方面，体现出颂圣文化与士大夫精神交织呈现的时代特点。北宋时期牡丹审美活动成为朝廷礼制的重要组成部分。宋真宗、仁宗时期的宰辅大臣们创作了不少以歌功颂德、歌咏太平为主题的牡丹诗词。另外，还有基于士大夫文人个性化精神、趣味或情感、经历而创作的牡丹诗。作为一种与士大夫文人乃至普通百姓日常生活密切相关的观赏性花卉，脱离特定语境之后，仍以其独有的魅力，触发士大夫、文人情绪、感触。北宋末及南宋时期士大夫文人借题咏牡丹以表达政治关切与家国情怀。在牡丹与政治盛衰、历史变迁之间，建立起明确的象征性与同构关系，其中有着深厚的政治文化基础。北宋诗人擅长题咏牡丹以观物明理，以牡丹为玩赏对象，激发士大夫文人对于人生、世事等的哲理思索。还有部分北宋诗人藉题咏牡丹以咏史或批判风俗。

从元代开始，几代皇朝都在景山大量栽植牡丹，为帝后嫔妃春季登高、观景、踏春、赏花的"后苑"。据传忽必烈曾多次召集文人在此举办牡丹诗会，"凡为佳作者，以御酒赏之"。

清末日渐衰败，慈禧喜欢牡丹，是因牡丹富丽堂皇、雍容华贵，牡丹被视为国运昌隆的标志，所以她经常画牡丹并选定牡丹为国花。1904年，她画过一幅《牡丹图》，画面三朵牡丹，钤有"慈禧皇太后之宝"大印。牡丹成为当时人们思想的寄托和政治上的一种象征。

中华人民共和国成立后，牡丹在外交中亦被作为中国的名片出现。2015年习总书记访问美国，国宴菜单底纹绘有粉红色牡丹。2014年，国家主席习近平夫人彭丽媛陪同出访韩国时，向韩方赠送名为"风姿秀色"的洛阳牡丹瓷。

牡丹文化及其相应赏玩活动与政治生活的联系使其成为中华民族在世界上的一张美丽名片。

4.3.2 牡丹与宗教

牡丹文化作为中国传统花卉文化的重要构成，也是传统社会伦理与宗教精神的重要载体。中国宗教最早起源于自然神崇拜、动物神崇拜、鬼魂崇拜和祖先崇拜等原始的宗教形式。儒家的等级观念和道家的将万事万物看作有生命个体的思想，在古人对于花木的观赏和体验中交融起来，如果再加上外来的佛家哲学，三位一体，就构成了古人花木观的基础。当然，隐藏在这种花木观背后的儒、道、释三种成分，绝不是平分秋色，而主要是道家和儒家观念。

4.3.2.1 道教

中国本土的宗教为道教，道教为多神崇拜。中国的道教带有浓厚的万物有灵论和泛神论的色彩。道生神，道生万物，故道教衍生出"神"亦无所不在的信念。认为有物即有神，作为万物之精华的花木，当然就有司花之神——花神。如作为花王的牡丹，就有"牡丹仙子"的优美传说。明代薛凤翔所著《牡丹史》中就记载了几则与神仙、道士有关的牡丹花传说。民间传说中也有吕洞宾三戏白牡丹等故事。

牡丹命名与宗教的渗透有着密切关联。例如"瑶池春""紫瑶台""瑶池贯月""蟠桃皱"，即借用道教传说中西王母居所和蟠桃会的典故；"麻姑献寿"中的麻姑(寿仙娘娘、虚寂冲应真人)，是中国民间信仰的女神，属于道教人物。"老君紫""月宫玉兔"，则与太上老君、嫦娥奔月等道教传说相关联。"茄蓝丹砂"等指的是道教炼丹中的丹砂。

4.3.2.2 佛教

中国的佛寺主要分汉传佛寺和藏传佛寺两类型。中国第一佛教古刹白马寺在洛阳，自唐朝以来"洛阳牡丹甲天下"，佛教便与牡丹有着千丝万缕的联系。佛教自印度传入后，与本土民俗文化结合。"一花一世界，一树一菩提"，花是佛教

"十供养"之一，是善行积累形成佛果的象征，佛寺又被称之为花宫、花界。牡丹因其花型端庄圆满对应"端正义"，香气表达"芬馥义"，宁静祥和表达空寂绝尘的境界，高贵庄严表达圣地的肃穆神秘，枝干苍劲与佛寺气氛相符，因此被广泛应用在佛寺当中。佛事供花成为吸引信众的一个重要因素。四月八日佛陀诞辰，正值牡丹花期，必然要将其供奉于佛前。

牡丹暮春开放，展现"敢殿三春后，乐让百花先"谦让、恬淡不媚俗的高尚品格，符合佛家与世无争、注重来世的宗旨。

佛寺中牡丹应用也与政治有一定关系。三武一宗灭佛事件使佛教意识到，在中国皇权决定佛教命运，得出"佛不自兴，唯王能兴"的结论。隋唐时期经济繁荣，社会相对稳定、文化政策较宽松，唐代帝王如武则天、唐玄宗均喜爱牡丹，为迎合帝王喜爱以求帝王临幸，寺院会种植各色牡丹。

寺院中栽植大多为白、粉色等色彩淡雅的牡丹品种，规则种植，以体现佛寺的庄严。西安慈恩寺和北京戒台寺的牡丹在一些古籍中均有记载。此外，唐代以来，牡丹被作为花卉产业进行营利。寺院与贵族一样占有大量土地，利用牡丹营利可用以满足寺院和僧侣日常费用。寺院良好的经济状况有利于佛教传播和僧侣聚集，亦可举办一些善举吸引百姓信奉佛教。因此，唐代慈恩寺、崇敬寺、兴唐寺等均以种植牡丹而求利。如《摩诃僧抵律》卷明杂诵跋渠法之十一"语言尔许华作鬓与我，余者与我尔许直，若得直，用然灯、买香以供养佛，得治塔。若直多者，得置着佛无尽物中。得在塔四面作池，池中种杂华供养佛塔，余得与华鬘家，若不尽，得直无尽物中"。《帝京景物略》关于极乐寺记载有："古泉无宿水，古柳无强枝。游望渺攸属，金碧生其姿。门柳不更圃，径泉不更池。色然堂国花，曰僧律所持。游人有时去，鱼鸟闲知之。"苏轼《牡丹记叙》：
"余从太守沈公，观花于吉祥寺僧守之圃。圃中花千本，其品
以百数。"

佛教医学是中医学的一个重要组织，牡丹的药用价值是
牡丹进入佛寺的重要原因，佛家救死扶伤时要种植牡丹作为
药材。

文人墨客也喜欢到佛寺中赏牡丹作诗，《全唐诗》中有
19首、《全宋诗》中有16首写的是佛寺牡丹。

佛寺中壁画、唐卡中牡丹是经常出现的题材，例如莫高
窟第465窟牡丹纹边饰，是经过写生和变化加工的牡丹图案。
藏传佛教中牡丹被称为"边也梅朵"，意为吉祥如意。大昭寺
和承德外八庙须弥福寿庙中均有绘有牡丹的唐卡出现。

佛教的公案和故事也有一些借牡丹表明禅机、心志。清
凉寺僧人谦光在南唐后主李煜的宫廷花园中借牡丹花开做了一
首偈子，规劝后主顺应历史，看破世俗名利。而《五灯会元》
中南泉普愿禅师借牡丹说出"观花如梦"的禅机，表达超越人
生的精神自由。

牡丹命名中有"观音面""观音池"——佛教中象征慈悲
和智慧的观音菩萨。"佛门袈裟"亦是牡丹品种之一。

由于宗教信仰，佛寺及其内部的植物被神话而免遭战乱
破坏，因此，寺庙对我国的古牡丹保护起到了积极作用。

4.3.2.3伊斯兰教

回族，是中国少数民族之一。他们的房子讲究工艺和装
潢，以植物花纹作为伊斯兰装饰艺术的主体，颇具民族特色。
临夏的回族人民房子的檐头、檩椽、砖墙、门窗、廊前等处有
木雕或砖雕，刻有牡丹、葡萄等各种花卉图案，抽象多变的几

何图形，卷草式的植物纹样，以及吉祥如意的图案，古朴典雅。目前青海省著名的古代清真寺文物——洪水泉清真寺，以其精湛的雕刻工艺及建筑艺术闻名遐迩。大殿前廊两边的筒子墙上就雕刻着巨幅"孔雀戏牡丹""四季平安""万事如意""文房四宝"等精美图案。

此外，元代青花瓷器在中国陶瓷史上占有十分显要的地位，它的出现改变了以往中国瓷器重釉色、轻彩绘的传统，将绘画技法与瓷器装饰有机地结合起来，为明、清两代绚丽多彩的彩瓷发展奠定了坚实基础。产生于14世纪的元青花因丝绸之路的文化交流，其色彩、造型、纹饰等方面也渗入了当时伊斯兰文化的元素，体现出强烈的异域风情。其中，元青花上的植物纹以缠枝花卉和蔓草为主，常见的题材除了西番莲直接移植自西亚金属器皿上的类似图案之外，牡丹花也有经过阿拉伯风格加工过的痕迹。描绘细致规矩，花叶肥大，布局讲求对称，画面表现出一种理智的整齐和有秩序的流动感，给人以延绵不绝的联想。

此外，西北少数民族信仰伊斯兰教的以回族、保安族、东乡族、撒拉族居多。阿拉伯、波斯盛产诗歌。花儿是西北少数民族流传的一种民歌形式。花儿歌手喜欢牡丹，牡丹是唱不厌听不腻的主题。穆斯林爱花，生活再艰难也愿意在院内种植一株牡丹。清代回儒编纂的一本波斯字书《天方尔雅》，用波斯语写的花的词条，下面注释："库鳌，译曰花，各样花皆称某花，惟有牡丹独称花，牡丹为百花之王。"

中国的牡丹文化在历史的长河中逐渐与宗教文化相互渗透融合，形成了中国特有的一种文化现象。

4.3.3 牡丹与艺术

4.3.3.1 牡丹搭配的审美寓意

牡丹派生了与之关联的文化象征意义，形成了牡丹文化的基本内涵。国，繁荣昌盛。家，富贵平安。人，幸福吉祥。这些特点和寓意，牡丹身上兼而有之。牡丹与不同的纹样、植物、器物、动物搭配表达着不同的含义：

牡丹配双喜字，寓意"富贵双喜"。

正万字纹饰，加一枝牡丹，寓意"富贵万年"。

在正万字上系一条带子，再配牡丹，寓意"富贵万代"。

团寿字的周围有正万字和牡丹，寓意"富贵万寿"。

瓶子里插牡丹，寓意"富贵平安"。

牡丹配水仙，寓意"先富贵""神仙富贵"。

牡丹配缠枝莲，寓意"连连富贵"。

牡丹、海棠、玉兰、桂花、翠竹、芭蕉、梅花、兰花寓意"玉堂富贵，竹报平安"。

牡丹、蔓藤、灵芝寓意"贵寿无极"。

牡丹配灵芝、竹子，寓意"灵祝富贵"。

牡丹、灵芝、水仙，寓意"灵仙富贵"。

牡丹配藤萝，寓意"富贵胜远"。

牡丹配海棠，寓意"富贵满堂"。

牡丹配盘长，寓意"富贵绵长"。

牡丹配月季花，寓意"富贵长春"。

牡丹配天竺，寓意"天祝富贵"。

牡丹配石榴，寓意"富贵多子"。

牡丹配石榴、佛手、桃子，寓意"富贵三多"。三多，即多子、多福、多寿。石榴象征多子，佛手象征多福，桃子象征多寿。

牡丹配桂圆，寓意"富贵姻缘"。

牡丹配芙蓉花，寓意"荣华富贵"。

牡丹配桃子、菊花、长圆寿字、菊花或寿石，均寓意"富贵寿考"。

牡丹、莲花、菊花、梅花、杂宝，寓意"四季进宝"。

牡丹、牵牛花，寓意"富贵千秋"。

金盏花、玉兰、牡丹，寓意，"金玉满堂"。

牡丹、葫芦，寓意"万代富贵"。

牡丹、橘子，寓意"富贵多吉"

牡丹、寿山石在贺人生子时应用，寓意"长命富贵"。

牡丹配蝴蝶、莲花，寓意"接连富贵"，即"不断富贵"。牡丹上落着一只白头翁，寓意"富贵白头"，即"富贵到老"之意。

鹭鸶与牡丹，寓意"一路富贵"。

蝴蝶在牡丹之上翩翩起舞，寓意"捷报富贵"。

牡丹、菊花、蝴蝶，寓意"捷报富贵寿"。

牡丹配八吉祥，寓意"富贵吉祥"。八吉祥亦称八宝，即海螺、伞、华盖、花、罐、鱼、盘长。

牡丹配蝙蝠盘长，寓意"富贵福长"。

牡丹、磬、鱼、盘长，寓意庆富贵有余绵长。

牡丹配勾莲、蝙蝠，寓意"连祝富贵"。

牡丹、燕子、竹子，寓意"宴祝富贵"。

牡丹、双鹤，寓意"双鹤富贵"。

牡丹、大象，寓意"富贵有象"。

牡丹、团寿字、大象，寓意"富贵寿有象"。

孔雀与牡丹相配，象征着美丽、美满的爱情，象征着家庭幸福、富贵。

牡丹、猫表示正午牡丹，寓意"繁荣兴旺全盛之时"。

牡丹与鱼绘于一图案中，即"富贵有余"。

雄鸡、牡丹，寓意"功名富贵"。

将牡丹、荷、菊、水仙插置在四种造型各异的瓶中，也有加画鹌鹑的，构成"四季平安"纹样。

猫伏于盛开的牡丹或山石下，蝴蝶在花间飞舞，组成富贵耄耋纹样，表示富贵无极、高寿。

4.3.3.2 牡丹与绘画艺术

牡丹国色天香，富贵雍容，有着美好的寓意。中国人热爱自然，信奉天人合一的朴素哲学思想，在中国绘画艺术中独立出花鸟画科。花鸟画作为中国画的三大画科之一，历经了唐之前画花画鸟阶段到唐五代的形成期、两宋的繁荣期、元代的变格期以及明清的纵深发展阶段。古代画家、诗人运用独特的思维模式及特有的艺术手法借用花鸟创造审美意象，诗、书、画结合的中国画之所以能在世界古典艺术园林中独放异彩，与中国古代艺术家独具匠心所创造的诗画意象是分不开的。

牡丹是中国花鸟画、工笔画中的常用题材。它的绘画与牡丹栽培的发展大约处于同一时期。东晋顾恺之的名画《洛神赋图卷》中作为背景，有牡丹形象出现；随后，牡丹渐渐独立成为画的主体。南北朝时，北齐杨子华画牡丹，牡丹开始进入绘画艺术领域。此后，画牡丹闻名的画家有唐代边鸾、五代徐熙、清代恽寿平……近代美术史上两位大师吴昌硕、齐白石也曾以红牡丹为题材进行过创作，体现了大众对于牡丹所代表的富贵平安的喜爱和期盼。这些作品，或润秀清雅，或泼辣豪放，都是中国艺术宝库的珍藏。

宋徽宗喜爱书画，将宫廷所藏的历代著名画家的作品目录编撰成《宣和画谱》。书中共收录魏晋至北宋画家231人的作品，总计6 396 件，并按画科分为道释、人物、宫室、番族、龙鱼、山水、畜兽、花鸟、墨竹、蔬果10门。《宣和画谱》在花鸟叙论中对此要求非常明确："花之于牡丹、芍药，禽之于鸾凤、孔翠，必使之富贵；而松竹梅菊、鸥鹭雁鹜，必见之幽闲；至于鹤立轩昂，鹰隼之搏击，杨柳梧桐之扶疏风流，乔松古柏之岁寒磊落，展张于图绘，有以兴起人之意者，率能夺造化而移精神遐想，若登临览物之有得也"。其中收录有《牡丹图》《牡丹白鹇图》《牡丹孔雀图》《牡丹金盆鹦鹉图》《牡丹太湖石雀图》《顺风牡丹黄鹂图》《牡丹梨花图》《牡丹杏花图》《牡丹海棠图》《牡丹山鹧图》《牡丹戏猫图》《牡丹鹁鸽图》《牡丹游鱼图》《牡丹湖石图》《红牡丹图》《折枝牡丹》《写生牡丹图》《写瑞牡丹》《牡丹夭桃图》《牡丹桃花图》《风吹牡丹图》《蜂蝶牡丹图》《牡丹芍药图》等。

牡丹与多种植物、动物出现在中国传统画卷中，作为富贵、吉祥、幸福、繁荣的象征，寄托表达人们共同的理想和愿望。

绘画是牡丹文化的载体之一，在漫长的历史长河中，有着很多牡丹与绘画的轶事。这里转述两则轶事，展现了画家文人的情怀、思想和他们细腻的观察力，供读者了解品评。

(1) 正午牡丹与欧阳修

有人赠送给欧阳修一幅古画《牡丹狸猫图》。欧阳修展开画卷时，见上面画着一丛牡丹，画下面有一只猫。欧阳修只觉得画法圆熟，欣赏了一会儿，也没有看出其中的奥妙，就吩咐人挂在书房里。

这天，丞相吴育来访。欧阳修把客人领进书房。刚坐定献茶，吴育突然发现墙上新添的一幅古画，便起身近观。端详了好一会儿，吴育禁不住连连点头赞赏起来："这是正午牡丹啊，画得好，画得好！""你怎么见得是正午牡丹？"欧阳修不解地问。"你看，"吴育微笑着把欧阳修拉到画前，用手指点着，"这花瓣张开，色泽又显得比较干燥，自然是太阳正中时的花。如果是带着露的鲜花，那么花冠是聚拢的，颜色是鲜润的，并不像这画上的牡丹。再看猫的眼睛。猫眼早晚是圆的，太阳渐进正午，瞳孔也渐渐变得狭长，正午时就缩成一条线了。""你的见解正确！正确！"欧阳修恍然大悟，佩服地点了点头。

(2) 郑板桥与牡丹

扬州八怪之一郑板桥以画竹闻名，却很少有人知道他与牡丹有一段有趣的故事。

一次，一位富商巨资购得一幅《牡丹图》名画，想借此炫耀一下。于是广邀宾客。郑板桥也应邀前去。主人把《牡丹图》展开之后，不少宾客啧啧称赞，顿时获得了满堂的喝彩声。主人很是得意，邀请在场名士在画上题诗一首留念。

在座的一些名士虽跃跃欲试，但见这幅名画，想到它花费的巨款，难免有些踌躇，一时间无人敢率先动笔。郑板桥没有犹豫，从容地走到书案旁，选取了一支笔并饱蘸着墨汁，准备挥笔题诗。

富商不识郑板桥，因其穿着寒酸，便有些瞧不起，急忙出言阻拦。郑板桥一愣，还没有弄清是怎么回事时，笔上的一滴墨汁已经滴在了画上。

富商见污了名画，连声责怪。郑板桥悟出富商看不起自己，不想让他题诗，心中气恼，故意让手臂振动了一下，又落下了几滴墨汁到画上。富商气极无语。郑板桥对气急败坏的富商说："别紧张，没关系，我会替你弄好的！"他俯下身子，挥动大笔，几笔勾勒之后，一株梅花便盛开了，那刚才滴下的墨汁都巧妙地变成了朵朵梅花。接着他又题诗一首：

> 牡丹花侧一枝梅，富贵寒酸共一堆。
> 休道牡丹天国色，须知梅占百花魁。

这首诗语意双关，又符合画上的特点，使满座之人无不惊异。顿时，连声喝彩，掌声雷鸣。那富商也转怒为喜，满面羞愧，连声对郑板桥说："得罪，得罪！非常抱歉！"

4.3.3.3 牡丹与戏曲艺术

戏曲是中国传统艺术之一，起源于原始歌舞，经过汉、唐到宋、金才形成比较完整的戏曲艺术。经过长期的发展演变，逐步形成了以"京剧、越剧、黄梅戏、评剧、豫剧"五大戏曲剧种为核心的戏曲种类。中国地方剧有360余种，剧目数以万计。牡丹亦是各剧种中出现的常客。

我国古代四大名剧——王实甫的《西厢记》、汤显祖的《牡丹亭》、孔尚任的《桃花扇》、洪升的《长生殿》，这四部剧中均有牡丹的身影。越剧《西厢记》崔莺莺唱词：我心慌踢损了牡丹芽……昆曲《牡丹亭》中有"那牡丹虽好，他春归怎占的先"，《牡丹亭》几乎成为昆曲之代名词——昆腔巍然曲宗，牡丹艳冠群芳，不到园林，怎知春色如许？京剧《长生殿·惊变》中唐明皇唱词里有："记得那年在沉香亭赏牡丹，召翰林李白，草"清平词"三章，命李龟年度成新谱，其词甚佳。不知妃子可还记得？"

戏剧把牡丹拟人化，编成戏剧演唱。与牡丹有关的剧目有很多，如豫剧《真假牡丹》《铁牡丹》，京剧《绿牡丹》，黄梅戏《戏牡丹》……明清以来杂剧兴盛，杂剧《风月牡丹仙》《黑旋风大闹牡丹园》《韩湘子三赴牡丹亭》《莺莺牡丹记》，弹词《天香馆牡丹》，琴书《吕洞宾戏牡丹》……牡丹之乡菏泽又被称为戏曲之乡。早在明末清初时期，菏泽的戏曲活动就已逐渐发展起来。各种剧目异彩纷呈。

清代经济发展，使得官僚地主得以"园林成后教歌舞，子弟两班工按谱。"自乾隆起，戏曲成为主要娱乐方式之一。清廷设升平署，掌管戏剧演出。孝钦后慈禧是戏迷。《北京志·故宫志》记载："二月十二日为花朝，孝钦后至颐和园观剪彩。时有太监预备黄红各绸，由宫眷剪之成条，条约阔二寸，长三尺。孝钦自取红黄者各一，系于牡丹花，宫眷太监则取红者系各树，于是满园皆红绸飞扬，而宫眷亦盛服往来，五光十色，宛似穿花蛱蝶。系毕，即侍孝钦观剧。演花神庆寿事，树为男仙，花为女仙，凡扮某树某花之神者，衣即肖其色而制之。扮荷花仙子者，衣粉红绸衫，以肖荷花，外加绿绸短衫，以肖荷叶。余仿此。布景为山林，四周山石围绕，石中有洞，洞有持酒樽之小仙无数。小仙者，即各小花，如金银花、石榴花是也。久之，群仙聚饮，饮毕而歌，丝竹侑酒，声极柔曼。最后，有虹自天而降，落于山石，群仙跨之，虹复腾起，上升于天。"可见花神是吉庆祥瑞的象征，以宫廷承应戏中的贺拜、祝寿为多，牡丹花王自是不可或缺。

在戏曲中，牡丹不仅可以体现王朝繁盛、精致、奢侈、开放的生活，也作为爱情浪漫的象征出现。研究牡丹，戏曲是不可或缺的宝贵资源。

4.3.4 牡丹与文学

(1) 上官婉儿：《双头牡丹诗》

唐代上官仪孙女上官婉儿，历经武则天和中宗李显两朝，在中宗时被封为昭容。其因聪慧善文，在政坛、文坛有着显要地位，为皇帝重用，有"巾帼宰相"之名。被刘禹锡赞为国之栋梁的吕温在《上官昭容书楼歌》中赞誉上官婉儿"自言才艺是天真，不服丈夫胜妇人"。

宋代许顗撰写的《彦周诗话》云："唐高宗御群臣宴，赏《双头牡丹诗》。上官昭容一联云："势如连璧友，情若臭兰人。""璧"喻绿叶，双头牡丹，势必绿叶相并。"臭"通"嗅"，指气味。《周易·系辞上》："二人同心，其利断金；同心之言，其臭如兰。"此处隐含同心之意。连璧是实，如兰则虚，一实一虚，有景有情。形容并蒂牡丹十分贴切。而其弦外之音，含蓄地美化当时政治上的"二圣临朝"，献给座上"二圣"自然深合武后心意。

(2) 李白：沉香亭牡丹

开元盛世，大唐进入鼎盛时期。中兴之主唐玄宗、杨玉环与牡丹的传奇故事很多。

《摭异记》对这件事的记载更为详细："开元中，禁中初重木芍药，即今牡丹也。得数本红紫浅红通白者，上因移植于兴庆池东沉香亭前。会花方繁开，上乘照夜白，妃以步辇从，诏梨园弟子李龟年手捧檀板押众乐前，将欲歌，上曰："赏名花对妃子，焉用旧乐辞为？"遂命龟年持金花笺宣赐翰林学士李白进《清平调》词三章。白欣承诏旨，犹苦宿醒未解。援笔赋云……龟年捧词进，上命梨园弟子约略词调抚丝竹，遂促龟年以歌，妃持颇黎七宝杯酌西凉州葡萄酒，笑领歌意甚厚"。

史书记载，此次唐玄宗给李白很高礼遇，封李白为"翰林供奉"，"降辇步迎，如见园绮""御手调羹，让李白喝汤"。唐玄宗让李白以牡丹为题填写《清平调》，于是李白酒醉咏牡丹，便有了脍炙人口的《清平调三首》："云想衣裳花想容，春风拂槛露华浓。若非群玉山头见，会向瑶台月下逢。""一枝红艳露凝香，云雨巫山枉断肠。借问汉宫谁得似，可怜飞燕倚新妆。""名花倾国两相欢，常得君王带笑看。解释春风无限恨，沉香亭北倚阑干。"

高力士见李白受宠心中嫉妒，于是向杨贵妃进了谗言，杨贵妃从此嫉恨李白，杨国忠也想向李白问罪，被李白察觉，于是后来便有了捧砚脱靴之一段佳话。

(3) 诗豪刘禹锡：唯有牡丹真国色

人称"诗豪"的刘禹锡有一首脍炙人口的《赏牡丹》七绝：

庭前芍药妖无格，池上芙蕖净少情。
惟有牡丹真国色，花开时节动京城。

这首诗用抑彼扬此的反衬之法，表明了诗人对牡丹的偏爱，描述了当时牡丹作为社会时尚，超过其他花卉。杜华平《花木趣谈》点评这首诗使牡丹作为唐代文化表征的形象正式定格。

刘禹锡在长安为官时遍赏牡丹。当时侍中浑瑊的宅中种了很多牡丹，花大可径尺，一丛牡丹竟开出千余朵，闻名长安。刘禹锡慕名前往，在《浑侍中宅牡丹》诗中抒发了自己的感触："径尺千余朵，人间有此花。今朝见颜色，更不向诸家"。

后来，他在东都洛阳牛僧孺的宅邸中赏过牡丹并留下《思黯南墅赏牡丹》一首："偶然相遇人间世，合在增城阿姥家。有此倾城好颜色，天教晚发赛诸花"。也是这次，他写下了那首《赏牡丹》。

唐顺宗即位重用王叔文改革弊政。刘禹锡成为改革中心人物。变法触动部分人的利益，很快失败，刘禹锡被贬出京城。史称"八司马事件"。因其有才，10年后被召回长安，却又因诗引发朝臣猜疑而触怒皇帝，再度被贬，流放14年后二度回京。因其个性倨傲，诗情张扬，作诗与新贵叫板被贬至四川奉节。

在奉节的5年，刘禹锡最思念的就是牡丹。在那孤寂和空虚的日子里，他想起了长安时令狐楚宅院种了不少牡丹，却因在外为官已有十年难得看到自家院中的牡丹开花。好容易赶上在家时牡丹要开花，又奉调东都洛阳不知什么时候才能回，因此写了一首《赴东都别牡丹》述说自己的郁闷。诗中写道：

> 十年不见小庭花，紫萼临开又别家。
> 上马出门回首望，何时更得到京华。

刘禹锡闻知此事，联想自己处境，不知何时能回到长安，就写了一首《和令狐相公别牡丹》：

> 平章宅里一栏花，临到开时不在家。
> 莫道两京非远别，春明门外即天涯。

这里春明门就是长安东门。刘禹锡终老于洛阳，牡丹始终是他最爱，在他《看牡丹》一诗中写道："今日花前饮，甘心干数杯。只愁花有语，不为老人开。"是他深爱牡丹的写照。

(4) 范仲淹：西溪牡丹

留下"先天下之忧而忧，后天下之乐而乐"千古名句的宋代名臣范仲淹始终以天下为己任的政治抱负，令朱熹称他为

"有史以来天地间第一流人物！"

　　范仲淹曾多次上书批评当时的宰相，因而三次被贬。曾在西京洛阳多次看到过牡丹的他，在人生困境中于流放之地与牡丹产生他乡遇故知的情感，与之结下了不解的缘分。

　　范仲淹调任泰州海陵西溪镇(今江苏东台县附近)作为监督海盐贮运的仓监官。西溪镇偏僻荒凉，范仲淹因被贬心境孤寂。一次偶然的机会他看到了这里盛开的牡丹，联想到牡丹的生命力和适应性极强，不仅在上林苑中，在如此荒凉之地亦可盛开，得到了启示和鼓舞，作了一首《西溪见牡丹》，诗云：

> 阳和不择地，海角亦逢春。
> 忆得上林色，相看如故人。

　　原本盐仓监官是一个闲职，范仲淹因牡丹精神而得到启发，不甘浑噩度日，经过调查为民请命，建议朝廷修建长堤防范海潮灾害。工程终获朝廷的批准，并调其全面负责修堤治堰工程。一条绵延数百里的长堤终于建成，流亡的灾民又返回了家园，人们感激范仲淹，把这条海堤叫作"范公堤"。

　　范仲淹结束丁忧，回朝后因其直言进谏，为奸臣陷害而先后三次被贬。第三次被贬至饶州时，重阳时节见到盛开的牡丹，想念老友钱绮翁，便写了一首《依韵酬池州钱绮翁》，诗云：

> 天涯彼此勿冲冲，内乐何须位更崇。
> 白发监州身各健，青山绕郭景多同。
> 日高窗外眠方起，月到樽前宴未终。
> 况在江南佳丽地，重阳犹见牡丹红。

这首诗表达了他身处逆境，依旧乐观开导友人，虽然相隔甚远、彼此思念，但仍要看到积极的一面，将"重阳犹见牡丹红"的喜悦心情传递给老友。

范仲淹在饶州结识看守城门的卒吏，得知其早年竟是在京洛皇家苑林中栽培牡丹的"苑中吏"，后因获罪也与自己一样发配来饶州。范仲淹对此甚是感慨，写下了《和葛闳寺丞〈接花歌〉》。范仲淹把自己的贬谪视为光荣，在花吏愁苦悲戚的对比下，诗人坚毅刚强、坦荡超脱的形象越发丰满。

(5) 欧阳修：夜赏牡丹

北宋欧阳修被称为"千古文章四大家"之一，与韩愈、柳宗元、苏轼、苏洵、苏辙、王安石、曾巩并称 "唐宋散文八大家"。他曾在洛阳为官，在此期间，遍访民间，将洛阳牡丹的栽培历史、种植技术、品种、花期以及赏花习俗等作了详尽的考察和总结，撰写了《洛阳牡丹记》一书，包括《花品序》《花释名》《风俗记》三篇。书中列举牡丹品种24种，是历史上第一部具有重要学术价值的牡丹专著，对于牡丹的传播发展和后世的传承研究，有着无可替代的重要作用。

欧阳修是我国宋代的伟大文学家，对经学、史学方面颇有成就。但对于欧阳修在园艺学方面的成绩却很少有人知晓。欧阳修深爱牡丹，曾在自己的诗中说："曾是洛阳花下客，野芳虽晚不须嗟""直须看尽洛阳花，始共春风容易别"，对牡丹有着一种执念。

欧阳修在公元1031年被任命为西京(今洛阳)留守推官，甚是欣喜，觉得可以一偿心愿遍赏心仪已久的洛阳牡丹。可是不巧的是他到洛阳时已是晚春，这年花开得早，跑遍牡丹名园却连晚开牡丹都已经谢了。他觉得很沮丧，只得等待来年花期。

第二年牡丹即将开放时节，好友力邀他去嵩山、少室等地春游，推辞不过就一起前去。旅途耽搁，等他回到洛阳的时候又错过了花期，无奈等待第三年。

第三年春，欧阳修正满心欢喜盼望一赏洛阳牡丹时，家中传来噩耗，他的妻子病故。欧阳修悲痛万分前去料理妻子后事，自是无暇顾及赏花的事了。

前赶后错，到了第四年春，眼看在洛阳任期已满，需要离任，欧阳修仍没赏成牡丹。这时牡丹刚刚绽蕾，欧阳修只略略看过几朵早开的牡丹就踏上了去程。他在《洛阳牡丹记》中写道："余在洛阳四见春，天圣九年三月始至洛，其至也晚，见其晚者。明年，会与友人梅圣俞游嵩山少室、缑氏岭、石唐山、紫云洞。既还，不及见。又明年，有悼亡之戚，不暇见。又明年，以留守推官岁满解去，只见其蚤者。是未尝见其极盛时。然目之所瞩，已不胜其丽焉"。

欧阳修在洛阳亲身感受到了牡丹的绝色和洛阳人对牡丹的挚爱，使欧阳修心中萌生了一个强烈的心愿：写一篇洛阳牡丹记。于是，他开始遍访民间花圃、花农，了解牡丹的栽培历史、种植技术、品种、花期以及赏花习俗，搜集洛阳牡丹的各种资料。他在《洛阳牡丹记》中说："牡丹出丹州、延州，东出青州，南亦出越州，而出洛阳者，今为天下第一。"又说："洛阳亦有黄芍药、绯桃、瑞莲、千叶李、红郁李之类，皆不减它出者，而洛阳人不甚惜，谓之果子花，曰某花、某花；至牡丹则不名，直曰花。其意谓'天下真花独牡丹'，其名之著，不假曰牡丹而可知也。其爱重之如此！"

欧阳修在洛阳任职期满被召回了汴梁。他没有遍赏洛阳牡丹，也没能完成写《洛阳牡丹记》的心愿，心中甚是惆怅，咏出了一首《玉楼春》："尊前拟把归期说，未语春容先惨咽。人生自是有情痴，此恨不关风与月。离歌且莫翻新阕，一曲能教肠寸结。直须看尽洛阳花，始共春风容易别"。在他的心中对牡丹怀有着无比真挚的爱。在词的最后表达他不想走了，他要看尽洛阳的牡丹花再走。人世间万事难料，也许是欧阳修对洛阳牡丹的真情，感动了牡丹仙子。

传说，就在欧阳修要离开洛阳的前一天晚上，牡丹仙子来到了他的面前，从而留下了一段"梦中赏牡丹"的千古佳话。

临行前晚，欧阳修草草收拾了行囊，就满怀惆怅地躺在了床上，心中惦念未完成的《洛阳牡丹记》……夜阑人静之时，忽听一群绝美佳人轻轻地叩门。欧阳修起身开门甚是诧异。

那前面一位穿黄衣的女子款款地深施一礼，说道："我们都是洛阳的牡丹仙子，闻先生酷爱牡丹，来洛阳三载未曾尽意观赏，明日又要离开洛阳，特来与先生相见。"

欧阳修听了顿时喜出望外地说："今晚我能见到诸位仙子，真是今生之大幸也。我有心要写《洛阳牡丹记》，但不知诸位仙子的芳名？"那位排头的仙子说："谢秀才厚意。说起我们的名字啊，那可是多得很哪。听我们一一报来。"说完，众姐妹先指着排头那位唱道："占魁先数'姚黄'，富贵端严体象。佳号名曰花王，万卉千葩仰望。"

欧阳修一听，惊奇地说："啊！您就是花王——'姚黄'，不愧为牡丹中的极品，果真是高贵端庄。"众仙子拐回头来，又拥着一位身着紫衣的仙子唱道："'魏紫'千叶芬芳，消得贵妃名项。呈红色耀日光，平头浅紫相向。"

欧阳修一听赞道："啊，我明白了，您是花后'魏紫'，与花王'姚黄'合称洛阳牡丹双璧，是也不是？"没等欧阳修说完，花王就站出来介绍别的仙子了："珍贵复有'牛黄'，'细叶寿安'迟放。'金棱玉版'最香，'倒晕檀心'

高尚。"

欧阳修一听："啊！这位是'牛黄'仙子，这位是'寿安'仙子，这位是'玉版'仙子，这位是'檀香心'仙子。"接着花后又指着另一排仙子，唱道："'潜溪'绯色艳妆，'九蕊珍珠'奇状。'鹤翎红'欲舞翔，'鹿胎花'发异样。"

欧阳修道，"啊！这位是'潜溪绯'仙子，这位是'九蕊珍'珠仙子，这位是'鹤翎红'仙子，这位'鹿胎花'仙子……"

牡丹仙子们争报花名，欧阳修仔细听着，一一记下。这时已是夜半时分，诸位仙子说："时间不早了，请赶快安歇吧。"说完一闪，便都不见了。

如此，欧阳修对洛阳牡丹有了全面的了解，写作《洛阳牡丹记》的条件终于成熟了。公元1034年，欧阳修就完成了他的《洛阳牡丹记》。

欧阳修在书中说："洛阳所谓丹州花、延州红、青州红者，皆彼土之尤杰者，然来洛阳，才得备众花之一种，列第不出三已下，不能独立与洛花敌。"天下牡丹为何不能与洛花敌，其根本原因在哪里？有人认为是洛阳"天地气和"，自然条件优越。欧阳修认为，最根本的原因是"窃独钟其美，而幸见于人焉。""天地气和"虽然重要，但最重要的还是"见幸于人"。洛阳人人爱花，家家养花，对牡丹万般痴情，不断钻研牡丹栽培技术，出现了许多花师，这才是决定性的因素。

洛阳生活是欧阳修最幸福惬意的三年，因此他在离开洛阳后仍十分怀念这一段开心的时光。这段生活对欧阳修的诗文创作产生了深刻影响，离开洛阳以后，他先后创作了与洛阳有关的诗歌近120首，一往情深地追忆洛阳。这些诗歌以"洛阳花""伊川水"和洛阳故人为意象，通过不断地吟咏感叹，重温青春岁月,表达了对岁月流逝、人事变迁的感伤,同时也是对自我遭际坎坷时的鼓舞和激励。10年后,欧阳修终于又来到洛阳,友人给他看了许多牡丹图,欧阳修发现,洛阳牡丹又出现了许多往昔见所未见的新品种,与当年的名贵花品争奇斗艳,不觉耳目一新,感慨万千。他在《再至西都》中叹道:

> 伊川不到十年间,鱼鸟今应怪我还。
> 浪得虚名销壮节,羞将白发见青山。
> 野花向客开口笑,芳草留人意自闲。
> 却到谢公题壁处,向风清泪独潺潺。

这次洛阳之行,欧阳修又写下了《洛阳牡丹图》诗,"洛阳地脉花最宜,牡丹尤为天下奇"的名句即出于此。

(6) 邵雍:识花

北宋理学家邵雍是赏牡丹的高手,他将洛阳的家命名为安乐窝,遍植牡丹,以种花赏花为乐。他对牡丹见微知著,根据叶子就能知道牡丹品种。

相传,洛阳赵员外在家中摆下了"牡丹宴",遍邀洛阳各界名流前来赴宴赏花。邵雍、司马光等应邀出席了这次牡丹盛宴。酒过三巡后,赵员外领着众人走进花园观赏牡丹。花园中牡丹就有几十个品种,"姚黄""魏紫""洛阳红""青龙卧墨池"……争奇斗艳。客人中有位大腹便便的节度使附庸风雅地信口侈谈,后面附庸阿谀一片。

邵雍看此情景很是厌恶,想借机戏弄一下这位节度使,上前夸赞说大家都说节度使赏花水平高,向他请教怎么识别这些牡丹品种,节度使傲慢地说通过花知花名。

邵雍说:"洛阳人赏花很讲究的,见花才识其品名的是赏花的最下等,七八岁的孩子也能做到;见叶而知其品名的只是中等，见根即能知其品名才是高者。"

节度使挑衅地问邵雍要其见根识花。邵雍称自己在洛阳赏花人中只能算是一个低能者，但我闭上眼睛用手一摸叶子，便能知道它的品种。

节度使想让邵雍当众出丑，便让邵雍识叶认牡丹。邵雍一连摸了五六株牡丹，每个花名都说得准确无误，在场的人无不赞叹，只有节度使和赵员外无地自容。

离开赵员外府，司马光等人都为邵雍赏花的神技而赞叹，也为戏弄了节度使而余兴未消。众人回到邵家的安乐窝后，司马光指着祠堂前的牡丹问："现在牡丹正艳，你可知它何时残败？"邵雍说："明日败！"众人不信："牡丹花开花落二十日，今日正在盛期，明日如何会败？"邵雍说："倘若不信，请诸君明日来看个究竟如何？"众人应允。

司马光等人分别后的第二天又来到安乐窝邵府。他们一看，祠堂前的牡丹仍然开得奇艳，并无一点残败的迹象，就笑着说："这回邵夫子可是算错了。"话音未落，邵雍的安乐窝里闯进一批人马，这伙人身披盔甲，持刀带剑，怒气冲冲闯进了牡丹丛中，挥刀猛砍牡丹，刀劈马踏之下，满园牡丹立即枝折花落，凋残一片。

众人望着远去的马队怒不可遏。司马光说："这是哪里的暴徒，如此凶残？"邵雍说："肯定是节度使派来的官兵，我已算准，昨日我得罪了他，今天他一定会来找我出气的。"司马光赞叹："邵夫子真是料事如神啊！"

邵雍仰天大笑，说："后院还有一片牡丹，我带诸君去饮酒赋诗，慢慢赏玩……"说完带着众人一齐说笑着向后园走去。

邵雍神奇的识花功夫从何而来？邵雍有一首诗《独赏牡

丹》诗云：

> 赏花全易识花难，善识花人独倚栏。
> 雨露功中观造化，神仙品里定容颜。
> 寻常止可言时尚，奇绝芳名出世间。
> 赋分也须知不浅，算来消得一生闲。

这首诗也许是他对自己识花功夫的最好诠释，邵雍正是在不断地观赏研究牡丹中练出了一身识花功夫的。

（7）司马光：雨中赏牡丹

"司马光砸缸"的故事人尽皆知。"司马光冒雨赏牡丹"的故事却少有人知。

司马光是北宋时期著名的文学家和史学家。早年仕途得意的司马光因反对王安石变法而逆转，从而与牡丹结下很深的缘分。

司马光因反对王安石变法被判西京（洛阳）御台使。退居洛阳后，为自己建了一座宅第称"独乐园"。司马光在《独乐园记》中写道，他于熙宁四年退居洛阳，于尊贤坊北买地20亩*，辟以为园，其中为堂，聚书五千卷，命之曰读书堂。园中还有钓鱼庵、采药园、见山台、弄水轩和牡丹园等。司马光有了"独乐园"后，以一种超然世外自我独乐的心境开始了另一种生活。他在诗中云：

> 春风与汝不相关，何事潜来入我园？
> 曲沼揉蓝通底绿，新梅剪彩压枝繁。
> 短莎乍见殊甚喜，鸣鸟初闻未觉喧。
> 凭杖东君徐按辔，旋添花卉伴芳樽。

---

*亩为我国非法定计量单位，1亩≈667米^2。——编者注

司马光品格高尚，生活严谨，一向被世人所称道。因反对王安石变法失败而被贬，心情苦闷空虚。他一生只娶一位夫人，夫人早逝无子。在独乐园他历时19年，付出艰苦巨大的劳动，终于完成了《资治通鉴》这部通史著作的编撰，供皇帝阅读以资借鉴古今得失。

司马光非常喜欢牡丹，对洛阳牡丹更是情有独钟。在独乐园只要有朋友来洛阳，便相陪赏花，吟诗弄赋，这是他人生的最大乐趣。好友王拱辰来洛阳，司马光即陪他四处赏牡丹，看完了老君庙的姚黄，君贶有诗(已佚)，司马光即作《和君贶老君庙姚黄牡丹》云：

芳菲触目已萧然，独著金衣奉老仙。
若占上春先秀发，千花百卉不成妍。

又一次文彦博在京城觐见皇帝后来到洛阳，这时春光将过，司马光等陪他游园赏牡丹，同乐而归，司马光又作《和子华喜潞公入觐归置酒游诸园赏牡丹》云：

介圭成礼下中天，春物虽阑色尚妍。
园吏望尘皆辟户，肩舆回步即开筵。
波涛凌乱靴旁锦，风雨纵横拨底弦。
洛邑衣冠陪后乘，寻花载酒愿年年。

司马光的好友、北宋理学家邵雍(字尧夫)、韦骧也在洛阳。于是三人经常相邀四处赏花，终日不辍。一天，司马光约邵雍进城看花，尽赏牡丹之后，司马光写下了《看花四绝句呈尧夫》：

洛阳相望尽名园，墙外花胜墙里看。
手摘青梅供接酒，何须一一具杯盘。
洛阳春日最繁华，红绿荫中十万家。
谁道群花如锦绣，人将锦绣学群花。

邵雍立即作《和君实端明洛阳看花》：

洛阳最得中和气，一草一木皆入看。
饮水也须无限乐，况能时复举杯盘。
洛阳交友皆奇杰，递赏名园只似家。
却笑孟郊穷不惯，一日看尽长安花。

司马光曾把一枝名贵牡丹送给了邵雍。邵雍非常高兴，
立即写诗答谢。诗说，不知老友从何处得此奇葩，送到他天津
桥南的寒舍，居然使他那位"寻常只惯插葵花"的老妻也惊讶
不已。诗云：

霜台何处得奇葩，分送天津小隐家。
初讶山妻忽惊走，寻常只惯插葵花。

司马光、邵雍、韦骧三人冒雨赏姚黄的故事就发生在此
时。谷雨牡丹盛开。一日，尧夫和子骏忽然冒雨跑很远的路来
找司马光，他们惊喜地告诉他："街西相府的姚黄开了！"司
马光闻之大喜，相约一同前去观赏。雨越下越大，可机会不容
错过，司马光立即让家人找来了渔蓑，三人立即披在身上来到
相府。果见有几株姚黄绽开了花蕊。只见这姚黄花朵硕大，花
瓣重重叠叠，千姿百态，如雕如琢。那通体的鹅黄之色，给人
一种凝脂之感，令司马光三人眼睛一亮，心扉大开，惊出了一
腔感慨。三人冒雨在花丛中流连忘返，不舍离去。司马光以

《雨中闻姚黄开盛成诗二章呈子骏尧夫》诗记之：

一

谷雨后来花更浓，前时已见玉玲珑。
客来更说姚黄发，只在街西相第东。

二

小雨留春春未归，好花虽有恐行稀。
劝君披取蓑衣去，走看姚黄判湿衣。

(8) 苏轼：雪中赏妖红

与司马光同时代冒雨赏姚黄有异曲同工之妙的还有一个人，是宋代大诗人苏轼。苏轼偏爱在雨雪中赏花，不仅出于他与众不同的审美情趣，也出于他屡遭挫折后的一种特殊心境。

苏轼，号东坡，唐宋八大家之一。王安石期望苏轼支持自己的变法，苏轼建议缓变，因此被列入反对变法的"旧党"之中。在夹缝中的苏轼日子难过，自请外放被贬作杭州通判。

公元1073年10月的一天，作为杭州通判的苏轼和知州陈襄来到嘉兴北门外的施王庙。庙门左侧有一株牡丹正在盛开。花前竟跪着一大群百姓在顶礼膜拜。二人进庙询问"冬日牡丹"。这株冬日开花的牡丹是寺内僧人专意培育的，苏轼和陈襄都感到惊奇，周围的百姓也认为神奇，所以在这里祈祷，希望保佑平安吉祥。住持让弟子拿来笔砚，请二人留下墨宝。轮到苏轼时，他提笔写下《和述古冬日牡丹四首》：

一

一朵妖红翠欲流，春光回照雪霜羞。
化工只欲呈新巧，不放闲花得少休。

二

花开时节雨连风，却向霜余染烂红。
漏泄春光私一物，此心未信出天工。

三

当时只道鹤林仙，解遣秋光发杜鹃。
谁信诗能回造化，直教霜桥放春妍。

四

不分清霜入小园，故将诗律变寒暄。
使君欲见蓝关咏，更倩韩郎为染根。

苏轼写完，人们纷纷为这首构思奇特、言辞艳丽的诗叫好。谁知苏轼的《冬日牡丹》很快被嗅觉敏感的变法者捕捉到，认为这是一首攻击变法、诬蔑皇上的造反诗。这首诗给苏轼带来了一场牢狱之灾。此案也被称为"乌台诗案"。苏轼在御史台内被拘103天，遭严刑拷问，得益于宋太祖赵匡胤时就定下了不杀士大夫的国策，苏轼死里逃生捡回了一条命，被贬至黄州任团练副使。

苏轼心情郁闷，为散心，冒雨赶往天庆观赏牡丹，观赏之后写下了《雨中看牡丹三首》：

一

雾雨不成点，映空疑有无。时于花上见，的皪走明珠。
秀色洗红粉，暗香生雪肤。黄昏更萧瑟，头重欲相扶。

二

明日雨当止，晨光在松枝。清寒入花骨，肃肃初自持。
午景发浓艳，一笑当及时。依然暮还敛，亦自惜幽姿。

幽姿不可惜，后日东风起。酒醒何所见？金粉抱青子。
千花与百草，共尽无妍鄙。未忍污泥沙，牛酥煎落蕊。

这《雨中看牡丹三首》，虽辞藻优美、诗意流畅，却隐含着诗人蒙难遭贬的苍凉心态，也透出了他看破凡尘、豁达处之的旷达襟怀。苏轼所以偏爱冬日牡丹和雨中牡丹，或许在他心中它们正是自己人生的写照。

(9) 陆游：梦赏洛阳花

欧阳修梦赏洛阳牡丹，诗人陆游也曾在梦中赏牡丹，并写下了"老去已忘天下事，梦中犹看洛阳花"的千古佳句。

陆游年少时，才华横溢。杭州省试、礼部考试被主考官陈子茂取第一，因排名在秦桧孙子秦埙前，得罪秦桧而被除名。宋孝宗一度抗金主战，一腔爱国热血主张抗金的陆游正壮志欲酬，积极准备王师北伐恢复失地，以张浚为首的北伐军因将领内讧以失败而告终。战局的逆转使宋孝宗丧失了信心，转而依靠主和派，与金人签订了屈辱的"隆兴和议"。陆游继续上书主战，招致主和派的不满而被罢官。陆游在公元1172年，被重新启用派往成都、蜀州(今重庆)、嘉州(今乐山)等地任通判，几乎遍历蜀中。壮志难酬的陆游，在成都借酒浇愁，一心想北伐中原救民于水火。他曾到过作为西京的洛阳，观赏过洛阳牡丹，在《赏小园牡丹有感》中说：

洛阳牡丹面径尺，鄜畤牡丹高丈余。
世间尤物有如此，恨我总角东吴居。
俗人用意苦局促，目所未见辄谓无。
周汉故都亦岂远，安得尺箠驱群胡。

陆游把牡丹看作是国家与民族之花。他把抗金复国收复中原与牡丹在心中凝为了一体。中原被金人占领，牡丹失落，所以他对牡丹更加思念。聊以慰藉的是他在蜀中看到了四川牡丹。特别是天彭县的牡丹令他大为惊奇。天彭民间有家家种牡丹，人人赏牡丹的习俗。这里的丹景山牡丹众多，悬崖之上也长满牡丹，画坛怪杰陈子庄说："悬崖断壁皆生牡丹，苍干古藤，夭矫寻丈，倒叶垂华，绚烂山谷"，所以人们把它叫丹景山。宋时，天彭牡丹源自洛阳，所以天彭被人们称作小西京。天彭"其俗好花"，也有京洛遗风，处处与洛阳习俗相近。因此，陆游经过对天彭牡丹的深入考察，写了一部《天彭牡丹谱》。陆游在《天彭牡丹谱》中写道："牡丹在中州，洛阳为第一；在蜀，天彭为第一。天彭之花，皆不详其所出。土人云：曩时永宁院有僧，种花最盛，俗谓之牡丹院，春时赏花者多集于此，其后花稍衰，人亦不复至。崇宁中，州民宋氏、张氏、蔡氏，宣和中，石子滩杨氏皆尝买洛中新花以归，自是洛花散于人间，花户始胜，皆以接花为业。大家好事者，皆竭其力以养花，而天彭之花，遂冠两川。今惟三并李氏、刘村母氏、城中苏氏、城西李氏花特盛，又有余力治亭馆，以故最得名……天彭三邑皆有花，惟城西沙桥上下花尤超绝。"陆游还把天彭特有的四十余种牡丹记于《天彭牡丹谱》中。对于天彭牡丹的习俗，陆游也把它与洛阳牡丹作了比较，他记述道："天彭号小西京，以其俗好花，有京洛之遗风。大家至千本，花时至太守以下，往往即花盛处张饮，帘幕车马，歌吹相属。最盛于清明、寒食时，在寒食之前者谓之火前花，其开稍久，火后则易落，最喜阴晴相半，时谓之养花天。栽接剔治，各有其法，谓之弄花。其俗有弄花一年，看花十日之语。故大家例惜花，可就观，不敢轻剪，盖剪花则次年花绝少。惟花户则多植花以谋利，双头红初出时，一本花暈直至三十千。祥云初出，亦直七、八千，今尚两千。……予客成都六年，岁常得饷，然率不能绝佳。淳熙丁酉岁，成都帅以善价私售于花户，得数百苞，驰骑取之，至成都露犹未晞，其大径尺。夜宴西楼下，烛焰与花相映，影摇酒中，繁丽动人"。

陆游又经历了起复，罢官，壮志始终难酬。罢官后在山阴旧居过着闲散的生活，直至终老再也没有出仕。尽管如此，陆游在梦中也没有忘记失陷的中原和牡丹，他在《梦至洛中观牡丹繁丽溢目觉而有赋》中，写道：

> 两京初驾小羊车，憔悴江湖岁月赊。
> 老去已忘天下事，梦中犹看洛阳花。
> 妖魂艳骨千年在，朱弹金鞭一笑哗。
> 寄语毡裘莫痴绝，祈连还汝旧风沙！

他在诗中说，自己蹉跎一生，始终忘不了洛阳牡丹，但它却只能在梦中出现。而他也在梦中返老还童变成了一个手持朱弹金鞭的少年，他警告金人，不要太痴迷于牡丹的妖魂艳骨，它不是你们的花，否则我早晚要把你送回祈(同祁)连山荒野的风沙之中。在陆游看来，牡丹是国家和民族的象征，牡丹失落就是国土失陷，他在梦中常常思念抗金收复失地。陆游借"梦中犹看洛阳花"表达渴望收复中原的爱国情结。

(10) 范成大：七绝赞牡丹

"南宋四大家之一"范成大痴迷于牡丹。他的宅第中有个牡丹园，称为平园，种植了很多牡丹。有一次，范成大从洛阳新进了一批绝品牡丹并建一堂，杨万里听说后前来观赏，他建议把此堂定名为"天香堂"。还为此赋诗《题益公丞相天香堂》，他在题序中说："益公新植洛中绝品牡丹数十本，作堂临之。诚斋野客杨万里请名以天香，且为赋长句。"

范成大曾喜得一种牡丹新品，叫作"白花青缘"。杨万里又来观赏，只见这种花像白玉杯上镶着青玉的边，又像是碧罗领子衬着素白的衣裳，非常幽雅。识花的杨万里觉得洛阳过去没有这种花，不知何时才有，又出自谁家？"白花青缘"如果早出，人们也许就不会夸赞姚黄了。欧阳修的《洛阳牡丹记》也该修改增补了。于是他写了《赋益公平园牡丹白花青绿》诗一首，云：

> 东皇封作万花王，更赐珍华出尚方。
> 白玉杯将青玉缘，碧罗领衬素罗裳。
> 古来洛口元无种，今去天心别得香。
> 涂改欧家记文著，此花未出说姚黄。

范成大痴迷牡丹，对各种牡丹也有了越来越深的了解和认识，常以诗词咏赞之。一日，园丁把园中七种最美牡丹各采一枝拿给他观赏，范成大一看有"单叶御衣黄""水精球""寿安红""崇宁红""叠罗红""鞓红""紫中贵"七种，一种比一种艳丽耀眼，顿时兴起，随即为这七种牡丹各咏诗一首，范成大在《单叶御衣黄》诗中咏道：

> 舟前鹅羽映酒，塞上驼酥截肪。
> 春工若与多叶，应入姚家雁行。

水晶球

> 缥缈醉魂梦物，娇饶轻素轻红。
> 若非风细日薄，直恐云消雪融。

寿安红

丰肌弱骨自喜，醉晕妆光总宜。
独立风前雨里，嫣然不要人持。

崇宁红

匀染十分艳绝，当年欲占春风。
晓起妆光沁粉，晚来醉面潮红。

叠罗红

襞积剪裁千叠，深藏爱惜孤芳。
若要韶华展尽，东风细细商量。

鞓红

猩唇鹤顶太赤，榴萼梅腮弄黄。
带眼一般宫样，只愁瘦损东阳。

紫中贵

沉沉色与露滴，泥泥香随日烘。
满眼艳妆红袖，紫绡终是仙风。

从这七首诗作中可以看出，范成大对牡丹观察细腻，描述真切，引故用典，清新写实。

牡丹是范成大的最爱，一生咏赞品种牡丹的诗作甚多，这里不再列举。晚年，他在《与致先兄游诸园看牡丹，三日行遍》中写道：

拄杖无边处处过，粉围红绕奈春何。
阊门昨日看不足，今日娄门花更多。
蜂蝶萧骚草露漫，小家篱落闭荒寒。
欲知国色天香句，须是倚阑烧烛看。

诗人行动不便仍拄杖观花，兴致不减，晚上还要"倚阑烧烛看"，痴迷程度可见一斑。

4.3.5 牡丹诗词摘录

裴给事宅白牡丹
卢纶

白花冷淡无有爱，亦占芳名道牡丹。
应似东宫白赞善，被人还唤作朝官。

牡丹种曲
李贺

莲枝未长秦蘅老，走马驮金断春草。
水灌香泥却月盘，一夜绿房迎白晓。
美人醉语园中烟，晚华已散蝶又阑。
梁王老去罗衣在，拂袖风吹蜀国弦。
归霞帔拖蜀帐昏，嫣红落粉罢承恩。
檀郎谢女眠何处，楼台月明燕夜语。

题开元寺牡丹
徐凝

此花南地知难种，惭愧僧间用意栽。
海燕解怜频睥睨，胡蜂未识更徘徊。
虚生芍药徒劳妒，羞杀玫瑰不敢开。
惟有数苞红萼在，含芳只待舍人来。

牡 丹
柳浑

近来无奈牡丹何，数十千钱买一棵。
今朝始得分明见，也共戎葵不校多。

牡 丹
王睿

牡丹妖艳乱人心，一国如狂不惜金。
曷若东园桃与李，果成无语自成阴。

万寿寺牡丹
翁承赞

烂漫香风引贵游，高僧移步亦迟留。
可怜殿角长松色，不得王孙一举头。

戏题牡丹
韩愈

幸自同开俱隐约，何须相依斗轻盈。
陵晨并作新妆面，对客偏含不语情。
双燕无机还拂掠，游蜂多思正经营。
长年是事皆抛尽，今日栏边暂眼明。

牡 丹
李商隐

锦帏初卷卫夫人，绣被犹堆越鄂君。
垂手乱翻雕玉佩，招腰争舞郁金裙。
石家蜡烛何曾剪，荀令香炉可待熏。
我是梦中传彩笔，欲书花叶寄朝云。

牡 丹
薛涛

去年零落暮春时，泪湿红笺怨别离。
常恐便同巫峡散，因何重有武陵期。
传情每向馨香得，不语还应彼此知。
只欲栏边安枕席，夜深间共说相思。

夜看牡丹
温庭筠

高低深浅一阑红，把火殷影绕露丛。
希逸近来成懒病，不能容易向春风。

牡 丹
张又新

牡丹一朵值千金，将谓从来色最深。
今日满栏开似雪，一生辜负看花心。

雨中看牡丹
窦梁宾

东风未放晓泥干，红药花开不奈寒。
待得天晴花已老，不如携手雨中看。

牡 丹
归仁

三春堪惜牡丹奇，半倚朱栏欲绽时。
天下更无花胜此。人间偏得贵相宜。
偷香黑蚁斜穿叶，觑蕊黄蜂倒挂枝。
除却解禅心不动，算应狂杀五陵儿。

牡丹
皮日休

落尽残红始吐芳，佳名唤作百花王。
竞夸天下无双艳，独立人间第一香。

牡丹花二首
徐寅

看偏花无胜此花，翦云披雪蘸丹砂。
开当青律二三月，破却长安千万家。
天纵秾华剗鄙吝，春教妖艳毒豪奢。
不随寒令同时放，倍种双松与辟邪。

万万花中第一流，浅霞轻染嫩银瓯。
能狂绮陌千金子，也惑朱门万户侯。
朝日照开携酒看，暮风吹落绕栏收。
诗书满架尘埃扑，尽日无人略举头。

红牡丹
王维

绿艳闲且静，红衣浅复深。
花心愁欲断，春色岂知心。

浑侍中宅牡丹
刘禹锡

径尺千余朵，人间有此花。
今朝见颜色，更不向诸家。

与杨十二李三早入永寿寺看牡丹

元稹

晓入白莲宫，琉璃花界净。
开敷多喻草，凌乱被幽径。
压砌锦地铺，当霞日轮映。
蝶舞香暂飘，蜂牵蕊难正。
笼处彩云合，露湛红珠莹。
结叶影自交，摇风光不定。
繁华有时节，安得保全盛。
色见尽浮荣，希君了真性。

牡 丹

白居易

绝代只西子，	众芳惟牡丹。	月中虚有桂，	天上漫夸兰。
夜濯金波满，	朝倾玉露残。	性应轻蒻蒟，	根本是琅玕。
夺目霞千片，	凌风绮一端。	稍宜经宿雨，	偏觉耐春寒。
见说开元岁，	初令植御栏。	贵妃娇欲比，	待女妒羞看。
巧类鸳机织，	光攒麝月团。	暂移公子第，	还种杏花坛。
豪士倾囊买，	贫儒假乘观。	叶藏梧际凤，	枝动镜中鸾。
似笑宾初至，	如愁洒欲阑。	诗人忘芍药，	释子愧梅檀。
酷烈宜名寿，	姿容想姓潘。	素光翻鹭羽，	丹艳妬鸡冠。
燕拂惊还语，	蜂贪困未安。	倘令红脸笑，	兼解翠眉攒。
少长呈连萼，	骄矜寄合欢。	息肩移九轨，	无胫到千官。
日曛香房拆，	风披蕊粉干。	好酬青玉案，	称贮碧水盘。
譬要连城与，	珠堪十斛判。	更思初甲坼，	那得异泥蟠。
骚咏应遗恨，	农经只略刊。	鲁班雕不得，	延寿笔将殚。
醉客同攀折，	佳人惜犯干。	始知来苑囿，	全胜在林峦。
泥滓常浇洒，	庭除又绰宽。	若将桃李并，	更觉效颦难。

惜牡丹花
白居易

惆怅阶前红牡丹，晚来唯有两枝残。
明朝风起应吹尽，夜惜衰红把火看。

牡丹芳
白居易

牡丹芳，牡丹芳，黄金蕊绽红玉房。
千片赤英霞烂烂，百枝绛点灯煌煌。
照地初开锦绣段，当风不结兰麝囊。
仙人琪树白无色，王母桃花小不香。
宿露轻盈泛紫艳，朝阳照耀生红光。
红紫十色间深浅，向背万态随低昂。
映叶多情隐羞面，臣丛无力含醉妆。
低娇笑容疑掩口，凝思怨人如断肠。
秾姿贵彩信奇绝，杂卉乱花无比方。
石竹金钱何细碎，芙蓉芍药苦寻常。
遂使王公与卿士，游花冠盖日相望。
庳车软舆贵公主，香衫细马豪家郎。
卫公宅静闭东院，西明寺深开北廊。
戏蝶双舞看人久，残莺一声春日长。
共愁日照芳难驻，仍张帷幕垂阴凉。
花开花落二十日，一城之人皆若狂。
三代以还文胜质，人心重华不重实。
重华直至牡丹芳，其来有渐非今日。
元和天子忧农桑，恤下动天天降祥。
去年嘉禾生九穗，田中寂寞无人至。
今年瑞麦分两歧，君心独喜无人知。
　　　　　无人知，可叹息。
我愿暂求造化力，减却牡丹妖艳色。
少回卿士爱花心，同似事君忧稼穑。

牡丹四首
薛能

异色禀陶甄，常疑主者偏。众芳殊不类，一笑独奢妍。
颗折羞含懒，丛虚隐陷园。亚心堆胜被，美色艳于莲。
品格如寒食，精光似少年。种堪收子子，价合易贤贤。
迥秀应无妒，奇香称有仙。深阴宜映幕，富贵助开筵。
蜀水争能染，巫山未可怜。数难忘次第，立困恋傍边。
逐日愁风雨，和星祝夜天。且从留尽赏，离此便归田。

万朵照初筵，狂游忆少年。晓光如曲水，颜色似西川。
白向庚辛受，朱从造化研。众开成伴侣，相笑极神仙。
见焰宁劳火，闻香不带烟。自高轻月桂，非偶贱池莲。
影接彤盘动，丛遭恶草偏。招欢忧事阻，就卧觉情率。
四面宜绅锦，当头称管弦。泊来莺定忆，粉扰蝶何颠。
苏息承朝露，滋荣仰霁天。压栏多尽好，敌国贵宜然。
未落须迷醉，因兹任病缠。人谁知极物，空负感麟篇。

去年零落暮春时，泪湿红笺怨别离。
常恐便随巫峡散，何因重有武陵期。
传情每向馨香得，不语还应彼此知。
欲就栏边安枕席，夜深间共说相思。

牡丹愁为牡丹饥，自惜多情欲瘦羸。
浓艳冷香初盖后，好风乾雨正开时。
吟蜂遍坐无间蕊，醉客曾偷有折枝。
京国别来谁占玩，此花光景属吾诗。

雨中花
苏轼

今岁花时深院，尽日东风，荡飏茶烟。
但有绿苔芳草，柳絮榆钱。

闻道城西，长廊古寺甲第名园。
有国艳带酒，天香染袂，为我留连。
清明过了，残红无处，对此泪尊前。
秋向晚，一枝何事，向我依然。
高会聊追短景，清商不暇余妍。
十分春态，付于明年。

鹧鸪天·祝良显家牡丹
辛弃疾

浓紫深黄一画图，中间更有玉盘盂。
先裁翡翠装成盖，更点胭脂染透酥。
香潋滟、锦模糊，主人长得醉工夫。
莫携弄玉栏边去，羞得花枝一朵无。

鹧鸪天·赋牡丹
辛弃疾

翠盖牙签几百株。杨家姐妹夜游初。
五花结队香如雾，一朵倾城醉未苏。
闲小立，困相扶，夜来风雨有情无。
愁红惨绿今宵看，却似吴宫教阵图。

渔家傲
欧阳修

三月清明开婉娩，晴川祓禊归来晚。
况是踏青来处远，犹不倦，秋千别闭深庭院。
更值牡丹开欲遍，醅酿压架清香散。
花底一尊谁解劝。增眷恋。东风回晚无情绊。

感皇恩·寒食不多时
晁冲之

寒食不多时，牡丹初卖。
小院重帘燕飞碍。
昨宵风雨，尚有一分春在。
今朝犹自得，阳快。

熟睡起来，宿酲微带，不惜罗襟揾眉黛。
日长梳洗，看看花阴移改。
笑拈双杏子，连枝戴。

剪牡丹感怀
陆游

雨声点滴漏声残，短褐就如二月寒。
闭户自怜今伏老，联鞍谁记旧追欢。
欲持藤樏沽春碧，自傍朱栏翦牡丹。
不为挂冠方寂寞，官游强半是祠官。

谢张功父送牡丹
杨万里

病眼看书痛不胜，洛花千朵焕双明。
浅红酽紫各新样，雪白鹅黄非旧名。
抬举精神微雨过，留连消息嫩寒生。
蜡封水养松窗底，未似雕栏倚半醒。

咏重台九心谈紫牡丹
杨万里

紫玉盘盛紫玉绡，碎绡拥出九娇娆。
都将些子郁金粉，乱点中央花片稍。

叶叶鲜明还互照，亭亭丰韵不胜妖。
折来细雨轻寒里，正是东风拆半苞。

春半雨寒牡丹殊无消息
杨万里

今岁芳菲未尽忙，去年二月牡丹香。
寒暄不足春光晚，荣落尽迟花命长。
才一两朝晴炫野，又三四阵雨鸣廊。
对江魏紫拳如蕨，而况姚家进御黄。

打剥牡丹
李新

大芽如荫肥，小芽瘦如锥。
我今取去无厚薄，不欲气本多支离.
绿尘堕地哪复数，存者屹立珊瑚枝。
姚黄魏紫各王后，肯许阘冗相追随。
姬周祧庙曾祖袮，主父强汉疏宗支。
昔人立朝恶党盛，败群杂莠何可知。
一母宜男竞衰弱，岂有如许宁馨儿。
吾惧生蛇为龙祸，又畏百工无一师。
故今披剥信老手，如与造化俱无私。
明年春归酒翁出，空庭还闭绝代姿。
风雨大是遭白眼，酒炙谁复来齐眉。
衡门一锁略安份，幽谷待赏几无时。
寄根王谢自得地，燕子归来当莫疑。

奉圣旨赋牡丹花
寇准

栽培终得近天家，独有芳名出众花。
香遮暖风飘御座，叶笼轻霭衬明霞。
纵吟宜把红残鹭，留赏惟将翠幄遮。
深觉侍臣千载幸，许随仙杖看秾华。

忆洛阳
寇准

金谷春来柳自黄，晓烟晴日映宫墙。
不堪花下听歌处，却向长安忆洛阳。

山僧雨中送牡丹
王禹称

数枝香带雨霏霏，雨里携来叩竹扉。
拟戴却休成怅望，御园曾插满头归。

延福宫双头牡丹
夏竦

禁籞阳和异，华业造化殊。　两宫方共治，双花故联跗。
向清涵玉宇，激滟转银钩。　霄墀奎躔布，龟图洛画浮。
偃波分密坐，垂露直前疏。　若许铭天德，园青岂易俦。

姚 黄
宋庠

世外无双种，人间绝品黄。
已能金作粉，更自麝供香。

脉脉翻霓袖，差差剪鹄裳。
灵华余几许，遥遗菊丛芳。

洛阳牡丹图
欧阳修

洛阳地脉花最宜，牡丹尤为天下奇。
我昔所记数十种，于今十年半忘之。
开图若见故人面，其间数种昔未窥。
客言近岁花特异，往往变出呈新枝。
洛人惊夸立名字，买种不复论家资。
比新较旧难优劣，争先檀价各一时。
当时绝品可数者，魏红窈窕姚黄肥。
寿安细叶开尚少，朱砂玉版人未知。
传闻千叶昔未有，只从左紫名初驰。
四十年间花百变，最后最好潜溪绯。
今花虽新我未识，未信与旧谁妍媸。
当时所见已云绝，岂有更好此可疑。
古称天下无正色，似恐世好随时移。
鞓红鹤翎岂不美，敛色如避新来姬。
何况远说苏与贺，有类后世夸嫱施。
造化无情疑一概，偏此著意何其私。
又疑人心愈巧伪，天欲斗巧穷精微。
不然元化朴散久，岂特近岁尤浇漓。
争新斗丽若不已，更后百载知何为。
但令新花日愈好，惟有我老年年衰。

梦游洛中十首(之八)
蔡襄

名花百种结春芳，天与秾华更与香。
每忆月陂隄下路，便开图画觅姚黄。

十八日陪提刑郎中吉祥院看牡丹
蔡襄

节候初临谷雨期，满天凤日助芳菲。
生来已占妙香国，开处全烘直指衣。
揽照尽教乌帽重，放歌须遣羽觞飞。
前驺不用传呼宠，待与游人一路归。

和葛闳寺丞接花歌
范仲淹

江城有卒老且贫，憔悴抱关良苦辛。
众中忽闻语声好，知是北来京洛人。
我试问云何至是？欲语汍澜坠双泪。
斯须收泪始能言，生自东都富贵地。
家有城南锦秀园，少年止以花为事。
黄金用尽无他能，却作琼林苑中吏。
年年中使先春来，晓宣口敕救花台。
奇苕异卉百余品，求新换旧争栽培。
犹恐君王厌颜色，群花只似寻常开。
幸有神仙接花术，更向成都求绝匹。
梁王苑里索妍姿，石氏园中搜淑質。
金刀玉尺裁量妙，香膏腻壤弥缝密。
迥得东皇造化工，五色敷华异平白。
一朝宠爱归牡丹，千花相笑妖娆难。
窃药嫦娥新换骨，婵娟不似人间看。
太平天子春游好，金明柳色宠黄道。
首南楼殿五云高，钧天捧上蓬莱岛。
四边桃李不胜春，何况花王对玉宸。
国色精明动韶景，天香旖旎飘芳尘。
特奏霓裳羽衣曲，千宫献寿罗星尘。
兑悦临轩逾数刻，花吏此时方得色。
白银红缎满牙床，拜赐仗前生羽翼。

惟观风景不忧身，一心岁岁供春职。
中途得罪情多故，刻木在前何敢诉？
窜来江外知几年，骨肉无音雁空度。
北人情况异南人，萧洒溪山苦无趣。
子规啼处血为花，黄梅熟时雨如雾。
多愁多恨信伤人，今年不及去年身。
目昏耳重精力减，复有乡心难具陈。
我闻此语聊悒悒，近曾侍从班中立。
朝违日下暮天涯，不学尔曹向隅泣。
人生荣辱如浮云，悠悠天地胡能执。
贾谊文才动汉家，当时不免来长沙。
幽求功业开元盛，亦作流人过梅岭。
我无一事逮古人，谪官却得神仙境。
自可优优乐名教，曾不恓恓吊形影。
接花之技尔则奇，江乡卑湿何能施？
吾皇又诏还淳朴，组绣文章皆齐遗。
上林将议赐民畎，似昔繁华徒尔为。
西都尚有名园处，我欲抽身希白傅。
一日天恩放尔归，相逐栽花洛阳去。

书牡丹诗一首
赵佶

　　牡丹一本同干二花，其红深浅不同，名品实两种也，一曰叠罗红，一曰胜云红，艳丽尊荣，皆冠一时之妙，造化密移如此,褒赏之余因成口占:

异品殊葩共翠柯，嫩红拂拂醉金荷。
春罗几叠敷丹陛，云缕重萦浴绛河。
玉鉴和鸣鎜封午，宝枝连理锦成巢。
东君造化胜前岁，吟绕清香故琢磨。

种牡丹
曾巩

经冬种牡丹，明年待看花。
春条始秀出，蠹已病其芽。
柯枯叶亦落，重寻但空槎。
朱栏犹照耀，所待已泥沙。
本不固其根，今朝漫咨嗟。

宫词(之二)
王珪

洛阳新进牡丹丛，种在蓬莱第几宫？
压晓看花传驾入，露苞方拆御袍红。

和君贶寄河阳侍中牡丹
司马光

真宰无私妪煦同，洛花何事占全功？
山河势胜帝王宅，寒暑气和天地中。
尽日玉盘堆秀色，满城绣毂走香风。
谢公高兴看春物，倍忆清伊与碧嵩。

次韵程丞相观牡丹
郑獬

满车桂酒烂金罍，坐绕春丛醉即回。
争得比花长在眠，一朝只放一枝开。
碧凉纐下罩罗敷，只恐晴晖透锦襦。
醉倚玉栏问春色，此花胜得洛中无？
第一名花洛下开，马驮金饼买将回，
西施自是越溪女，却为吴王赚得来。

北京动物园　Beijing Dongwuyuan
牡丹亭与牡丹文化　Mudanting yu Mudan Wenhua

游花市示之珍(慕容)
文彦博

去年春夜游花市，今日重来事宛然。
到肆千灯多闪铄，长廊万蕊斗鲜妍。
交驰翠，新罗绮，迎献芳尊细管弦。
人道洛阳为乐园，醉归恍若梦钧天。

谢君实端明惠牡丹
邵雍

霜台何处得奇葩？分送天津小隐家。
初讶山妻忽惊走，寻常只惯插葵花。

牡丹吟
邵雍

牡丹花品冠群芳，况是其间更有王。
四色变而成百色，百般颜色百般香。

牡 丹
王安石

红椟未开如婉娩，　紫裹犹结想芳菲。
此花似欲留人住，　山鸟无端劝我归。

吉祥寺赏牡丹
苏轼

人老簪花不自羞，花应羞上老人头。
醉归扶路人应笑，十里珠帘半上钩。

堂后白牡丹
苏轼

城西十枝岂不好，笑舞春风醉脸丹。
何以后堂冰玉洁，游蜂非意不相干。

吉祥寺花将落而陈述古期不至
苏轼

今岁东风巧剪裁，含情只待使君来。
对花无语花应恨，直恐明年花不开。

谢人惠千叶牡丹
苏辙

东风摧趁百花新，不出门庭一老人。
天女要知摩诘病，银瓶满送洛阳春。
可怜最后开千叶，细数余芳尚一旬。
更待游人归去尽，试将童冠浴湖滨。

同迟赋千叶牡丹
苏辙

未换中庭三尺土，漫和数丛千叶花。
造物不违遗老意，一枝颇似洛人家。
名园不放寻芳客，陋巷希闻载酒车。
未忍画瓶修佛供，清樽酌尽试山茶。

王才元舍人许牡丹求诗
黄庭坚

闻道潜溪千叶紫，主人不剪要题诗。
欲搜佳句恐春老，试遣七言赊一枝。

僧首然师院北轩观牡丹
释道潜

鸟声鸣春春渐融，千花万草争春工。
纷纷桃李自缭乱，牡丹得体能从容。
雕栏玉砌升晓日，轻烟薄雾初宜蒙。
深红浅紫忽烂漫，如以蜀锦罗庭中。
姚黄贵极未易睹，绿叶遮护藏深丛。
露华膏沐披正色，肯事妖冶分纤秾。
从来品目压天下，百卉羞涩何敢同。
清净老禅根道妙，即此幻色谈真空。
上人封植匪玩好，庶敬先烈存遗风。
邀芳公子应未耳，且乐樽俎怡歌钟。

次韵苏通判观牡
释惠洪

东风背立知谁家，扶头醉韵中流霞。
天涯出识洛阳画，露丛幽蕊生奇葩。
两翁赋诗皆妙语，读之令人欲仙去。
坐间亦著白发禅，胜游且愿追支许。
拥蕙同看聊自娱，春归不肯略跰蹰。
解空勿忆南泉老，但言如梦不言无。

牡 丹
晁说之

牡丹千叶千枝并，不似荒凉在寒垣。
宣圣殿前知几许，感时肠断侍臣孙。

谢季和朝议牡丹
晁说之

侍无童子懒焚香，君送花来恨便忘。
尽日清芬与风兢，熏炉漫使令君狂。

次韵李秬新移牡丹二首
晁补之

使君着意与深培，为向吴宫好处来。
得地且从三月腰，明年应更十分开。
溱傍芍药羞香骨，江里芙蓉如艳腮。
云雨鸿龙总非比，沉香亭北漫相猜。

笑倚东风几百般，忽疑浴渚在江干。
玉容可得朝朝好？金盏须教一一干。
送目汉皋行已失，断魂亚峡梦将残。
七闽溪畔防偷本，回照亭边更著栏。

画牡丹自题
钱选

头白相看春又残，折枝聊助一时欢。
东君命驾车何迟，犹有余情在牡丹。

赋牡丹
贡奎

曲槛春如锦，晴开晓日妍。树摇风影乱，枝滴露光圆。
玉佩停湘女，金盘拱汉仙。翠填宫鬓巧，黄染御袍鲜。
力费青工造，名随绮话传。细翎层拥鹤，弱翅独迎蝉。
倚竹成双立，留华任众光。久看心已倦，欲折意还怜。
洛谱今存几，吴园路忆千。可应频戴酒，相与醉华年。

向云译一自曹州以牡丹见遗赋答
陈庭敬

春风料峭几枝斜，浓艳依然带露华。
牧佐旧为芸阁吏，曹南今有洛阳花。
写生银管曾修史，入席天香抵坐衙。
节舍竹离还称否，凭君相赠引烟霞。

余有寄怀曾钱塘吴宝厓绝句
王贻上

紫陌纷纷看牡丹，车如流水从金鞍。
那知冰雪西溪路，犹有梅花耐冬寒。

北京动物园
牡丹亭与牡丹文化

参考文献

康莲凤，2014.牡丹品类的命名特点及其文化内涵[D].西安：陕西师范大学.

李青艳，2010.佛寺园林中牡丹文化的初步研究[D].北京：北京林业大学.

李沙颖，2016.中国牡丹纹装饰特征演变研究[D].杭州：浙江农林大学.

雷燕，2008.牡丹民俗的文化意向研究[D].西宁：青海师范大学.

刘慧媛，2014.牡丹及牡丹文化在中国传统园林中的应用研究[D].陕西：西北农林科技大学.

杨晓东，2011.明清民居与文人园林中花文化的比较研究[D].北京：北京林业大学.

苑庆磊，于晓南,2011.牡丹、芍药花文化与我国的风景园林[J].北京林业大学学报（3）:53-55.

范禄林，萨日娜，2012.中国牡丹地域文化研究[J].内蒙古林业科技（3）：59-61.

李娜娜，白新祥，戴思兰,等，2012.中国古代牡丹谱录研究[J].自然科学史研究（31）：94-106.

刘铭，王凤兰，2016.中国牡丹饮食文化浅探[J].农史与农业文化研究（1）:6-8.

刘航，2015.牡丹：唐代社会文化心理变迁的一面镜子[J].学术月刊（12）：58—59.

贾鸿雁，2009.牡丹文化及其旅游开发[J].北京林业大学学报（8）：7—11.

久保辉幸[日]，2010.宋代牡丹谱考释[J].自然科学史研究（29）：46—60.

张启翔，2001.中国花文化起源与形成研究（一）—人类关于花卉审美意识的形成与发展[J].中国园林（1）：73—76.

任伟涛，包志毅，2017.浅析唐代牡丹文化[J].ABC探索发现（11）:178—179.

陈平平，2005.论元代耶律铸牡丹园艺实践与著述的科学成就[J].古今农业（2）：30—33.

宋立培，2015.清农事试验场的牡丹园[J].北京园林（31）：24—27.

杨小燕，1996.乐善园始末考[J].北京园林（1）:35—37.

杨小燕，1999.清乐善园与继园变迁之研究[J].历史档案（2）：79—80.

王志华，1998.曹州牡丹文化特点与运河文化[J].菏泽师专学报（3）：30—32.

王莹，2011.论唐宋牡丹诗词的政治文化意蕴及其表现艺术[J].文学遗产（4）：54—63.

李嘉珏，张西方，赵孝庆，等，2011.中国牡丹[M].北京：中国大百科全书出版社.

蒲松龄，1988.聊斋志异[M].长沙：岳麓书社.

李有刚，2010.洛阳牡丹传奇[M].河南：中州古籍出版社.

夏元瑜，2008.老盖仙话动物[M].桂林：广西师范大学出版社.

张善培，2010.老北京的记忆[M].北京：社会科学文献出版社.

杨小燕，2002.北京动物园志[M].北京：中国林业出版社.

后记

　　文化是一个国家、一个民族的灵魂。古往今来，世界各民族都无一例外受到其在各个历史发展阶段上产生的精神文化的深刻影响。

　　今天，我们要建设伟大工程、推进伟大事业、实现伟大梦想，都离不开文化所激发的精神力量。要继承好、发展好自身文化，首先要保持对自身文化理想、文化价值的高度信心，保持对自身文化生命力、创造力的高度信心。这就是习总书记提出"文化自信"这一时代课题的深意所在。

　　北京动物园地处文化中心的核心承载区、运河文化带上，文化底蕴深厚。公园以习总书记系列重要讲话和对北京工作重要指示为统领，以《北京整体总体规划（2016—2035年）》，北京市园林绿化局、北京市公园管理中心要求为指引，结合"一带一路"、京津冀协同发展等重大战略的实施，明确自身战略定位，以大运河文化带为抓手，立足北京国际交往中心功能，深入挖掘弘扬北京动物园牡丹亭与牡丹蕴含的文化内涵和精神价值，让历史说话，让文化传承，讲好北京故事、中国故事，传播古都历史文化和中华优秀传统文化，提升市民文明素质，让首都充满人文关怀，洋溢人文风采，展现人文魅力。

编　者

图书在版编目（CIP）数据

北京动物园牡丹亭与牡丹文化 / 王树标，陈旸，李
晓光主编． —— 北京 ：中国农业出版社，2018.12
ISBN 978-7-109-24849-6

Ⅰ．①北… Ⅱ．①王… ②陈… ③李… Ⅲ．①动物园
－介绍－北京②牡丹－文化－介绍－北京 Ⅳ．
①Q95-339②S685.11

中国版本图书馆CIP数据核字(2018)第256198号

中国农业出版社出版
（北京市朝阳区麦子店街18号楼）
（邮政编码100125）
责任编辑 周锦玉

北京通州皇家印刷厂印刷 新华书店北京发行所发行
2018年12月第1版 2018年12月北京第1次印刷

开本：880mm×1230mm 1/32 印张：6.125
字数：160千字
定价：39.00元
（凡本版图书出现印刷、装订错误，请向出版社发行部调换）